Amateurfunk-Lehrgang

Betriebstechnik und Gesetzeskunde

für das Amateurfunkzeugnis

Eckart K. W. Moltrecht, DJ4UF

Verlag für Technik und Handwerk
Baden-Baden

Fachbuch
funk-technik-berater
Best.-Nr.: 411 0103

Redaktion: Michael Büge

Die Deutsche Bibliothek – CIP-Einheitsaufnahme

Bibliografische Information Der Deutschen Bibliothek

Die Deutsche Bibliothek verzeichnet die Publikation in der Deutschen Nationalbibliografie; detaillierte bibliografische Daten sind im Internet über http://dnd.ddb.de abrufbar

ISBN 3-88180-803-5

Printed in Germany
Druck: WAZ-Druck, Duisburg

Inhaltsübersicht

Vorwort

Sehr ausführlich und immer mit Blick auf die zugehörigen Prüfungsfragen werden in neun Lektionen die Themen internationales Buchstabieralphabet, der Q-Schlüssel, Rufzeichen, Landeskenner, betriebliche Abkürzungen, IARU-Bandpläne, Betriebsabwicklung auf Kurzwelle, Betriebsabwicklung auf VHF/UHF, digitale Betriebsarten, RST-System, Logbuch, QSL-Karte besprochen.

Besonders bei den vielen zu lernenden Begriffen wie Landeskenner, Q-Gruppen oder Frequenzbereiche wurden die Übersichten gegenüber dem Fragenkatalog auf das notwendige Maß reduziert.

In weiteren acht Lektionen werden die in der folgenden Übersicht aufgeführten gesetzlichen Bestimmungen und Verordnungen ebenso ausführlich besprochen und schwierige Rechtsbegriffe erläutert.

Für das sinnvolle Bearbeiten dieses Amateurfunklehrgangs benötigen Sie den Fragenkatalog zum Amateurfunkzeugnis der Klassen 1 und 2 der Regulierungsbehörde für Post und Telekommunikation (RegTP). Diesen erhalten Sie bei der RegTP direkt www.regtp.de oder auch beim Verlag für Technik und Handwerk GmbH (www.vth.de).

Dieses Buch ist die ideale Ergänzung zum "Amateurfunklehrgang TECHNIK für das Amateurfunkzeugnis Klasse 1 und 2". Es sollte parallel zur Technik bearbeitet werden, also etwa eine Lektion Technik und dann eine Lektion Betriebstechnik/Gesetze.

Eckart K. W. Moltrecht, DJ4UF, Aachen im Juni 2004

Lektion 1: Internationales Buchstabieralphabet

Das internationale Buchstabieralphabet ist bereits Inhalt der Prüfung zum Amateurfunkzeugnis Klasse 3. Wenn Sie den Lehrgang zur Klasse 3 (Lektion 2) bereits durchgearbeitet haben, gehen Sie direkt zu den Prüfungsfragen über und testen Sie ihr Wissen.

Um beim internationalen Funkverkehr Verwechslungen zu vermeiden, hat man nebenstehendes Buchstabieralphabet entwickelt, das auch beim Flugfunk und in der Seefahrt verwendet wird und in der Vollzugsordnung für den Funkdienst (VO Funk, jetzt Radio Regulations RR) festgelegt wurde.

Die Wörter sind so gewählt, dass kaum Verwechslungen möglich sind. Sprechen Sie die Wörter auch im deutschen Funkverkehr englisch (international) aus! Die Ziffern im Rufzeichen spricht man im deutschen Funkverkehr allerdings deutsch aus, also beispielsweise DJ4UF als delta juliett vier juniform foxtrott, englisch natürlich delta juliett four juniform foxtrott, Echo spricht man also immer „ecko". Für die richtige Aussprache sind in nebenstehender Tabelle die zu betonenden Silben unterstrichen.

Buchstabe	Schlüsselwort	Aussprache des Schlüsselworts
A	Alfa	AL FAH
B	Bravo	BRA VO
C	Charlie	TSCHAH LI
D	Delta	DEL TA
E	Echo	ECK O
F	Foxtrott	FOX TROTT
G	Golf	GOLF
H	Hotel	HO TELL
I	India	IN DI AH
J	Juliett	JUH LI ETT
K	Kilo	KI LO
L	Lima	LI MA
M	Mike	MEIK
N	November	NO WEMM BER
O	Oscar	OSS KAR
P	Papa	PA PAH
Q	Quebec	KI BECK
R	Romeo	RO MIO
S	Sierra	SSI ER RAH
T	Tango	TENG GO
U	Uniform	JU NI FORM
V	Victor	WICK TOR
W	Whiskey	WISS KI
X	X-Ray	EX REH
Y	Yankee	JENG KI
Z	Zoulou	SUH LUH

Prüfungsfrage BA101 In welchem Regelungswerk finden Sie das internationale Buchstabieralphabet?
a) In den Radio Regulations (VO Funk).
b) In der CEPT- Empfehlung T/R 61-01.
c) In der CCITT-Empfehlung 567-1.
d) In der Amateurfunkverordnung (AFuV).

Zur Lösung: Es gibt einige internationale Regelungen, die den Funkdienst betreffen und die Sie noch kennen lernen werden (ab Lektion 10). Dazu gehören die „Radio Regulations", vormals Vollzugsordnung für den Funkdienst (VO Funk) in denen das internationale Buchstabieralphabet zu finden ist. Also: a ist richtig.

Im Amateurfunk sollte man sein Rufzeichen immer und auch den Namen und den Standort nach dem internationalen Buchstabieralphabet buchstabieren. Wenn ich beispielsweise englisch mein Rufzeichen spreche als „di–jei–4–ju–eff", wird gelegentlich verstanden: DG4OS oder BJ4UF oder TJ4US und so weiter. Ich sage also immer: delta juliett 4 uniform foxtrot.

Prüfungsfrage BA102
Welchen Sinn hat das Buchstabieren von Rufzeichen nach dem internationalen Buchstabieralphabet?
a) Das Buchstabieren gibt nur Sinn, wenn Verwechslungen und Missverständnisse vorkommen.
b) Vermeidung von dann notwendigen Fremdsprachenkenntnissen.
c) Vermeidung von Verwechslungen und Missverständnissen.
d) Das Buchstabieralphabet hat nur bei Telegrafie-Funkverkehr den Sinn, Verwechslungen oder Missverständnisse zu vermeiden.

Lösung: Das internationale Buchstabieralphabet ist nicht dazu geschaffen worden, fehlende Sprachkenntnisse zu überbrücken. Es soll generell Missverständnisse vermeiden. Achten Sie bei dieser Prüfungsaufgabe darauf, dass die Antwort a) mit der Antwort c) verwechselt werden kann.

Also: Das Buchstabieralphabet soll nicht nur dann verwendet werden, wenn man vielleicht einen Buchstaben nicht so genau verstehen könnte, sondern generell zum Beispiel bei Rufzeichennennungen. Lösung c ist richtig.

Zum Telefonieren im deutschsprachigen Geschäftsverkehr gibt es auch das deutsche Buchstabieralphabet mit Anton, Berta, Cäsar und so weiter. Verwenden Sie dieses Buchstabieralphabet möglichst nicht im Amateurfunk und auf keinen Fall gemischt mit dem internationalen Buchstabieralphabet.

Früher hat es ein von den Funkamateuren geschaffenes Buchstabieralphabet gegeben, das aus Städte- und Ländernamen bestand, beispielsweise Amerika, Baltimore, Canada und so weiter. Auch hier gilt: Verwenden Sie dieses Buchstabieralphabet möglichst nicht und auf keinen Fall gemischt mit dem internationalen Buchstabieralphabet.

Prüfungsfrage BA103
Wie wird das Rufzeichen "DL8XV" mit dem internationalen Buchstabieralphabet buchstabiert?
a) Deutschland London acht X-Ray Viktor.
b) Deutschland Lima acht Extra Venezuela.
c) Delta London acht X-Ray Viktor.
d) Delta Lima acht X-Ray Viktor.

Zur Lösung: Bei den Antworten zu dieser Frage müssen Sie herausfinden, in welcher Antwort nur die internationalen Buchstabierwörter verwendet werden. Deutschland für „D“ oder London für „L“ sind beispielsweise falsch. Richtige Lösung: d.

Zwei Klippen sind für Deutschsprachige in diesem Buchstabieralphabet enthalten. Zoulou für Z wird international mit einem weichen S gesprochen, also „sulu“. Leider wird es dadurch im deutschen Funkverkehr gelegentlich mit „sierra“ verwechselt. Außerdem gibt es keine Umlaute in diesem Alphabet. Ä. Ö und Ü werden als A-E, O-E oder U-E buchstabiert.

Prüfungsfrage BA104
Wie ist das Wort "München" mit dem internationalen Buchstabieralphabet zu buchstabieren?
a) Mike Uniform Echo November Charlie Hotel Echo November.
b) Mike United Echo Nancy Charlie Hotel Echo Nancy.
c) Mike Uniform Emil Nevada Charlie Hotel Emil November.
d) Michigan Union Echo November Charlie Hotel Echo Nancy.

Zur Lösung: Man buchstabiert „ü“ nicht, wie im deutschen Buchstabieralphabet als „übel“, sondern mit U-E, also Muenchen. Damit ist Lösung a) richtig, weil Nancy, Nevada, United oder Michigan keine richtigen Buchstabierwörter aus dem internationalen Buchstabieralphabet sind.

Aufgabe
Lernen Sie nun die Schlüsselwörter auswendig, indem Sie beliebige Texte nehmen und diese laut buchstabierend sprechen wie im Beispiel rechts.

Beantworten Sie nun die folgenden Prüfungsfragen aus dem Fragenkatalog zur Amateurfunkprüfung Klasse 1 und 2.

Prüfungsfrage BA105
Wie ist das Wort "Transceiver" mit dem internationalen Buchstabieralphabet zu buchstabieren?

Prüfungsfrage BA106
Wie ist das Wort "Verbindung" mit dem internationalen Buchstabieralphabet zu buchstabieren?

Prüfungsfragen BA107 bis **BA111**
Buchstabieren Sie mit dem internationalen Buchstabieralphabet
BA107 DK3YX
BA108 DJ7ZY
BA109 JT7ZV
BA110 PY8JW
BA111 YO9XH

Aufgabe: Entschlüsseln Sie: victor – india – echo – lima
echo – romeo – foxtrott – oscar – lima – golf
bravo- echo – india – mike
lima – echo – hotel – romeo – golf – alpha – november – golf!
echo – charly – kilo – alpha – romeo – tango
mike – oscar – lima – tango – romeo – echo – charly – hotel – tango
delta – juliett – 4 – uniform – foxtrott

Lektion 2: Der Q-Schlüssel

Das zweite Kapitel im Bereich Betriebstechnik im Fragenkatalog zur Klasse 1 ist der Q-Schlüssel oder Q-Code. Es ist wiederum ein Kapitel, bei dem viel auswendig gelernt werden muss.

Die Q-Gruppen sind mit Q beginnende Betriebsabkürzungen aus drei Buchstaben. QAA bis QNZ sind für den Flugfunkdienst, QOA bis QQZ für den Seefunkdienst und QRA bis QUZ für Funktelegrafieverbindungen in allen Funkdiensten außer dem Seefunkdienst entwickelt worden. Sie wurden in der Vollzugsordnung für den Funkdienst (VO Funk), jetzt „Radio Regulations" (RR), festgeschrieben.

Viele dieser Gruppen lassen sich mit einem angehängten Fragezeichen als Frage formulieren. Bei anderen Gruppen ist die Ergänzung durch eine Ziffer, die nähere Information zu der Aussage der Q-Gruppe gibt, vorgesehen. Andere Q-Gruppen können durch Hinzufügen geeigneter anderer Abkürzungen, geeigneter Rufzeichen, Ortsnamen, Nummern und so weiter erweitert oder ergänzt werden. Uhrzeiten werden grundsätzlich in UTC (Universal Time Coordinated) angegeben.

Die Buchstaben der Q-Gruppen haben allerdings keine direkte Bedeutung. Es ist also sehr schwer, sich diese Abkürzungen zu merken. Erst bei längerem Gebrauch kann man sie, ohne überlegen zu müssen, anwenden. Es bleibt Ihnen derzeit nicht viel anderes übrig, als wenigstens die Kurzform oder das „Merkwort" in der letzten Spalte auf den folgenden Seiten auswendig zu lernen.

Prüfungsfrage BA101
Warum wurden die Q-Gruppen im Funkverkehr eingeführt?
a) Zur Verschleierung des Funkbetriebs gegenüber unbefugten Zuhörern.
b) Ausschließlich zur Zeitersparnis im Telefoniefunkverkehr.
c) Zur Standardisierung und Erleichterung des Betriebsablaufs, sekundär zur Überwindung sprachlicher Grenzen.
d) Q-Gruppen erleichtern nur im internationalen Funkverkehr den Betriebsablauf.

Lösung c ist richtig.

QRA	Der Name meiner Funkstelle ist ...	**QRA?**	Wie ist der Name Ihrer Funkstelle?	Name („**A**dresse“)
QRB	Die Entfernung zwischen unseren Funkstellen beträgt ungefähr ... Seemeilen (oder Kilometer).	**QRB?**	In welcher Entfernung von meiner Funkstelle befinden Sie sich ungefähr?	Entfernung („**B**etween“)
QRG	Ihre genaue Frequenz (oder die genaue Frequenz von ...) ist ... kHz (oder MHz).	**QRG?**	Wollen Sie mir meine genaue Frequenz (oder die genaue Frequenz von..) mitteilen?	Genaue Frequenz („**G**enaue“)
QRH	Ihre Frequenz schwankt.	**QRH?**	Schwankt meine Frequenz?	Frequenzschwankung
QRI	Der Ton Ihrer Aussendung ist ...... 1. gut 2. veränderlich 3. schlecht.	**QRI?**	Wie ist der Ton meiner Aussendung?	Ton
QRK	Die Verständlichkeit Ihrer Zeichen (oder der Zeichen von ...) ist 1. schlecht 2. mangelhaft 3. ausreichend 4. gut 5. ausgezeichnet.	**QRK?**	Wie ist die Verständlichkeit meiner Zeichen (oder der Zeichen von ...)?	Verständlichkeit
QRL	Ich bin beschäftigt (oder ich bin mit ... beschäftigt). Bitte nicht stören.	**QRL?**	Sind Sie beschäftigt?	beschäftigt („**L**ästig“)
QRM	Ich werde gestört (Ich werde ... 1 nicht, 2 schwach, 3 mäßig, 4 stark, 5 sehr stark gestört.)	**QRM?**	Werden Sie gestört?	Störungen („**M**atsch“)
QRN	Ich werde durch atmosphärische Störungen beeinträchtigt. (Ich werde ... 1 nicht, 2 schwach, 3 mäßig, 4 stark, 5 sehr stark gestört.)	**QRN?**	Werden Sie durch atmosphärische Störungen beeinträchtigt?	atmosphärische Störungen („**N**oise“)
QRO	Erhöhen Sie die Sendeleistung.	**QRO?**	Soll ich die Sendeleistung erhöhen?	Mehr Leistung („**O**utput“)
QRP	Vermindern Sie die Sendeleistung.	**QRP?**	Soll ich die Sendeleistung vermindern?	Weniger Leistung
QRQ	Geben Sie schneller (... Wörter in der Minute).	**QRQ?**	Soll ich schneller geben?	Schneller Geben („**Q**uicker“)
QRS	Geben Sie langsamer (... Wörter in der Minute).	**QRS?**	Soll ich langsamer geben?	Langsamer („**S**lower“)
QRT	Stellen Sie die Übermittlung ein.	**QRT?**	Soll ich die Übermittlung einstellen?	Schluss („**T**erminate“)

QRU	Ich habe nichts für Sie.	**QRU?**	Haben Sie etwas für mich?	Nichts mehr („fo**R U**“)
QRV	Ich bin bereit.	**QRV?**	Sind Sie bereit?	Bin bereit
QRX	Ich werde Sie um ... Uhr (auf ... kHz (oder MHz)) wieder rufen.	**QRX?**	Wann werden Sie mich wieder rufen?	Pause
QRZ	Sie werden von ... (auf ... kHz (oder MHz)) gerufen.	**QRZ?**	Von wem werde ich gerufen?	Wer ruft?
QSA	Ihre Zeichen (oder die Zeichen von ...) sind ... 1 kaum, 2 schwach, 3 ziemlich gut, 4 gut, 5. sehr gut hörbar.	**QSA?**	Wie ist die Stärke meiner Zeichen (oder der Zeichen von ...)?	Stärke
QSB	Die Stärke Ihrer Zeichen schwankt.	**QSB?**	Schwankt die Stärke meiner Zeichen?	Feldstärkeschwankung
QSD	Ihre Tastung ist fehlerhaft.	**QSD?**	Sind meine Zeichen verstümmelt?	Tastung fehlerhaft
QSK	Ich kann Sie zwischen meinen Zeichen hören; Sie dürfen mich während meiner Übermittlung unterbrechen.	**QSK?**	Können Sie mich zwischen Ihren Zeichen hören? Wenn ja, darf ich Sie unterbrechen?	Zwischenhören („**S**ignal **k**urz“)
QSL	Ich gebe Ihnen Empfangsbestätigung.	**QSL?**	Können Sie mir Empfangsbestätigung geben?	Empfangsbestätigung
QSO	Ich kann mit ... unmittelbar (oder durch Vermittlung von ...) verkehren.	**QSO?**	Können Sie mit ... unmittelbar (oder durch Vermittlung von ...) verkehren?	Funkverbindung
QSP	Ich werde an ... vermitteln.	**QSP?**	Wollen Sie an ... vermitteln?	weitergeben
QSV	Senden Sie eine Reihe V auf dieser Frequenz (oder auf ... kHz (oder MHz)).	**QSV?**	Soll ich eine Reihe V auf dieser Frequenz (oder auf ... kHz (oder MHz)) senden?	**S**ende **VVV**
QSY	Gehen Sie zum Senden auf eine andere Frequenz über (oder auf ... kHz).	**QSY?**	Soll ich zum Senden auf eine andere Frequenz übergehen?	Frequenzwechsel
QTC	Ich habe eine wichtige Mitteilung für Sie	**QTC?**	Haben Sie eine wichtige Mitteilung für mich?	Wichtige Nachricht
QTF	Meine Antenne strahlt in Richtung … Grad	**QTF?**	In welche Richtung strahlt Ihre Antenne?	Strahlungsrichtung
QTH	Mein Standort ist ... Breite, ... Länge (oder nach anderer Angabe).	**QTH?**	Welches ist Ihr Standort?	Standort („**H**ome“)
QTR	Es ist genau ... Uhr.	**QTR?**	Welches ist die genaue Uhrzeit?	Uhrzeit („**T**ime**R**“)

Die Q-Gruppen auf den vorigen Seiten sind ein Auszug aus den Radio Regulations (früher VO Funk). Es sind nur die Gruppen aufgeführt, die im Anhang des Prüfungsfragenkatalogs stehen und damit in der Prüfung vorkommen können. Sie wurden vom Verfasser in der fünften Spalte durch eine Kurzform und einige Merkmöglichkeiten ergänzt.

In diesem Zusammenhang: Die Q-Gruppen sollen im Sprechfunkverkehr nicht verwendet werden, nur im Telegrafiefunkverkehr haben sie ihren Sinn. Dennoch kann man sich einige davon im Sprechfunk kaum weg denken, wie zum Beispiel: „Bitte QSY nach 3680“ oder „Vielen Dank für das nette QSO und bitte QSL-Karte über Büro“.

Prüfungsfrage BC105
Sollen Sie im Telefoniefunkverkehr Abkürzungen aus dem Q-Schlüssel im Funkverkehr verwenden?

Einige Q-Gruppen sollen hier noch etwas weiter interpretiert werden. Mit **QRA**, dem Namen der Funkstation ist im Amateurfunk nicht das Rufzeichen oder der Vorname des Funkamateurs gemeint, sondern sein Zuhause, also eher die Adresse der Familie. Man funkt beispielsweise in Telegrafie: „73 to ur QRA“ und meint damit „Viele Grüße an die ganze Familie“. Beim Schiffsfunk ist QRA der Name des Schiffs. Im Amateurfunk verwendet man „name“ für den Namen.

Verwechseln Sie nicht **QRV** (sende- und empfangsbereit) mit **QSV** (senden Sie eine Reihe von V's). **QRQ** und **QRS** sind die einzigen Gruppen, bei denen dem letzten Buchstaben eine gewisse Bedeutung zukommt, nämlich Q für Quick (schnell) und S für Slow (langsam).

Wichtig ist die richtige Anwendung dieser Q-Gruppen. Insbesondere wird von CB-Funkern **QRZ** falsch angewendet. Sie starten damit einen „allgemeinen Anruf“. Im Amateurfunk wird dafür aber CQ verwendet. QRZ verwenden Sie bitte nur dann, wenn Sie von einer Station angerufen wurden, Sie aber das Rufzeichen nicht genau verstanden haben.

QRX 1500 UTC bedeutet, dass die Station bis 15 Uhr Pause macht. **QRX 5 min** bedeutet im Amateurfunk, dass der Funker (Operator) mal eine Fünf-Minuten-Pause macht.

QTF 240 bedeutet: Meine Antenne strahlt in Richtung 240 Grad (Kompassrichtung).

QTR 1225 UTC bedeutet: Es ist genau 12 Uhr und 25 Minuten Universalzeit. UTC bräuchte man eigentlich nicht dazu zu geben, jedoch kommt es dann häufig zu Nachfragen. Setzen Sie also immer die Art der Zeitangabe hinzu!

QSP DK3OZ bedeutet: Bitte gib diese Meldung an DK3OZ weiter!

Mit **QTH** wird im Amateurfunk der Wohnort angegeben. Für Länge und Breite wird im Amateurfunk eher der Standortkenner (Locator, Lektion 7) verwendet.

Bearbeiten Sie nun die **Prüfungsfragen BB102** bis **BB120** aus dem Fragenkatalog der RegTP.

Sie wissen ja, dass dort immer die erste Antwort (a) die richtige ist. In der Prüfung selbst wird die Reihenfolge dieser Antworten allerdings geändert.

Lektion 3: Rufzeichen - Landeskenner

Für das Amateurfunkzeugnis Klasse 3 haben Sie einige europäische Landeskenner gelernt. Für die Klasse 1 und 2 kommen nun einige außereuropäische hinzu.

Ebenfalls in den Radio Regulations (RR) ist festgelegt: Die Amateurfunkrufzeichen bestehen aus dem Landeskenner plus einer Ziffer (zusammen Präfix genannt) plus einem ein- bis dreistelligen Suffix.

Landeskenner	Ziffer	
Präfix		Suffix
DJ	4	UF
3A	2	BC
F	6	KLA
Z3	1	BAL
6Y	5	A

Die Landeskenner bestehen aus ein oder zwei Zeichen, entweder einem Buchstaben (im Falle F, G, I, K, M N, W) oder zwei Buchstaben (z.B. DL, JA) oder einer Ziffer und einem Buchstaben (z.B. 3A, 6Y) oder einem Buchstaben und einer Ziffer (z.B. D2, Z3). Die auf den Landeskenner folgende Ziffer ist häufig eine Kennzeichnung von Regionen des Landes, zum Beispiel in Spanien EA1 bis EA9 oder in Japan JA1 bis JA0 oder in Österreich OE1 bis OE9. In anderen Ländern stellen die Ziffern Angaben zur Lizenzklasse dar. In den meisten Fällen ist die Ziffer ohne Bedeutung wie in Deutschland mit der Ausnahme der Ziffer 0 bei DB, DK und DL für Klub- oder Sonderstationen.

In manchen Ländern mit zweistelligem Landeskenner, dessen zweites Zeichen eine Ziffer ist (z.B. D2) wird fälschlicherweise diese zum Landeskenner gehörige Ziffer als Präfixziffer aufgefasst, so dass hier nach dem Landeskenner keine weitere Ziffer sondern bereits der Suffix folgt, zum Beispiel D2AA.

Der Suffix dient zur Kennzeichnung der individuellen Station. Zum Teil wird die Anzahl der Buchstaben im Suffix zur Bezeichnung der Lizenzklasse verwendet oder häufig der erste Buchstabe K im Suffix für Klubstationen oder auch der erste oder der letzte Buchstabe zur geografischen Unterteilung des Landes.

Prüfungsfrage BH101
In welchem Regelungswerk können Sie die Landeskenner für Funkrufzeichen finden?

Richtige **Lösung**: In den Radio Regulations (RR) vormals (VO Funk).

Prüfungsfrage BG120
Woraus setzen sich die Rufzeichen von deutschen Amateurfunkstellen zusammen?

Richtige **Lösung**: Aus zwei Buchstaben, der erste D, einer Ziffer und ein bis drei Buchstaben als Suffix.

Prüfungsfrage BG124
Wie werden in der Regel die Rufzeichen im Amateurfunkdienst gebildet?

Antwort aus dem Fragenkatalog: Aus ein oder zwei Zeichen des Landeskenners, gefolgt von einer Ziffer, gefolgt von ein, zwei oder drei Buchstaben.

Prüfungsfrage BH103
Wo können Sie nachschlagen, in welchem Land sich eine Amateurfunkstelle mit einem Ihnen bislang unbekannten Landeskenner befindet?

Antwort: In den Radio Regulations (RR), Amateurfunkhandbüchern und Rufzeichenlisten.

Aufgabe:
Tragen Sie die Hauptlandeskenner der europäischen Länder aus dem Fragenkatalog in die Europakarte auf der folgenden Seite ein. Einige Beispieleintragungen sind vorhanden.

Lernen Sie anschließend zunächst nur die Landeskenner der europäischen Länder, die auch tatsächlich für die Prüfung benötigt werden. Sie sind zusammen mit anderen Landeskennern drei Seiten weiter zu finden.

Prüfungsfrage BH106
Welche Gruppe gibt die Rufzeichenpräfixe der Länder Tschechische Republik, Schweiz, Österreich, Niederlande, Liechtenstein, Frankreich, Luxemburg, Polen, Schweden und Dänemark für ihre Amateurfunkstellen richtig wieder?

Richtige **Lösung**:
OK, OL, HB9, OE, PA, HBØ, F, LX, SP, SM, OZ.

Tragen Sie auf der übernächsten Seite die Hauptlandeskenner der außereuropäischen Länder aus dem Fragenkatalog in die leere Weltkarte ein. Einige Beispieleintragungen sind vorhanden.

Eigentlich reicht es auch hier, nur die für die Prüfung notwendigen Landeskenner einzutragen. Dann kann man anschließend aus dieser Karte lernen und hat gleich eine Vorstellung, wo das Land denn nun liegt. Sie finden die Zusammenstellung dieser Landeskenner wiederum drei Seiten weiter.

Aufgabe
Lernen Sie die für die Prüfung benötigte Auswahl der Landeskenner aus den Regionen 1 (Afrika) sowie den Regionen 2 und 3.

Die Erde ist nachrichtendienstlich in drei Regionen unterteilt. Region 1 ist Europa, Afrika und ein Teil Vorderasiens, Region 2 ist Nord- und Südamerika, Region 3 ist Asien, Australien und Neuseeland.

Bearbeiten Sie nun die Prüfungsfrage **BH108** zum Thema Regionen.

Zum Thema Regionen finden Sie in der Lektion 10 „Radio Regulations“ auf Seite 77 die genaue Beschreibung der Regionen und noch eine Menge Prüfungsfragen.

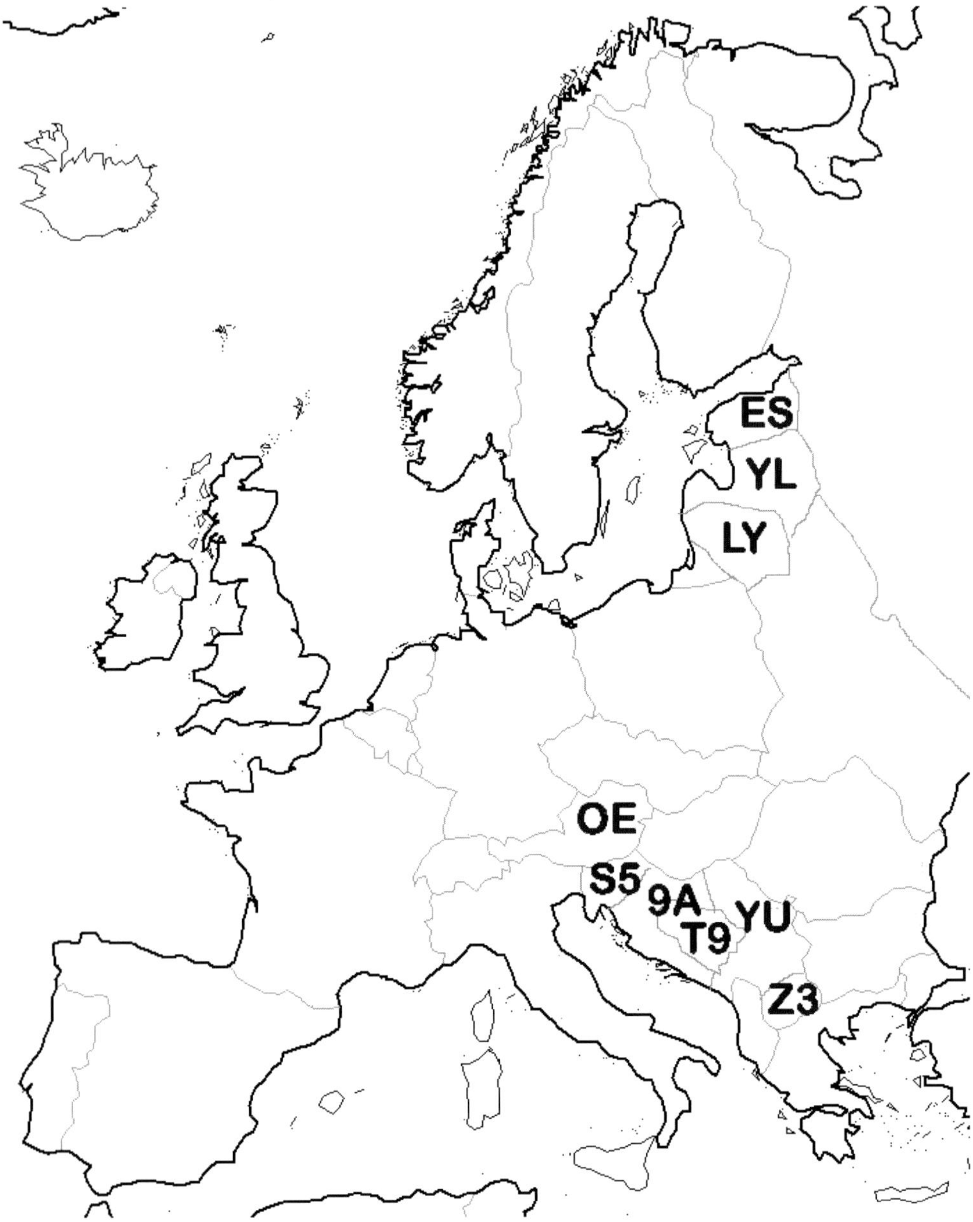

Tragen Sie hier die Hauptlandeskenner der europäischen Länder aus dem Fragenkatalog in die Europakarte ein.

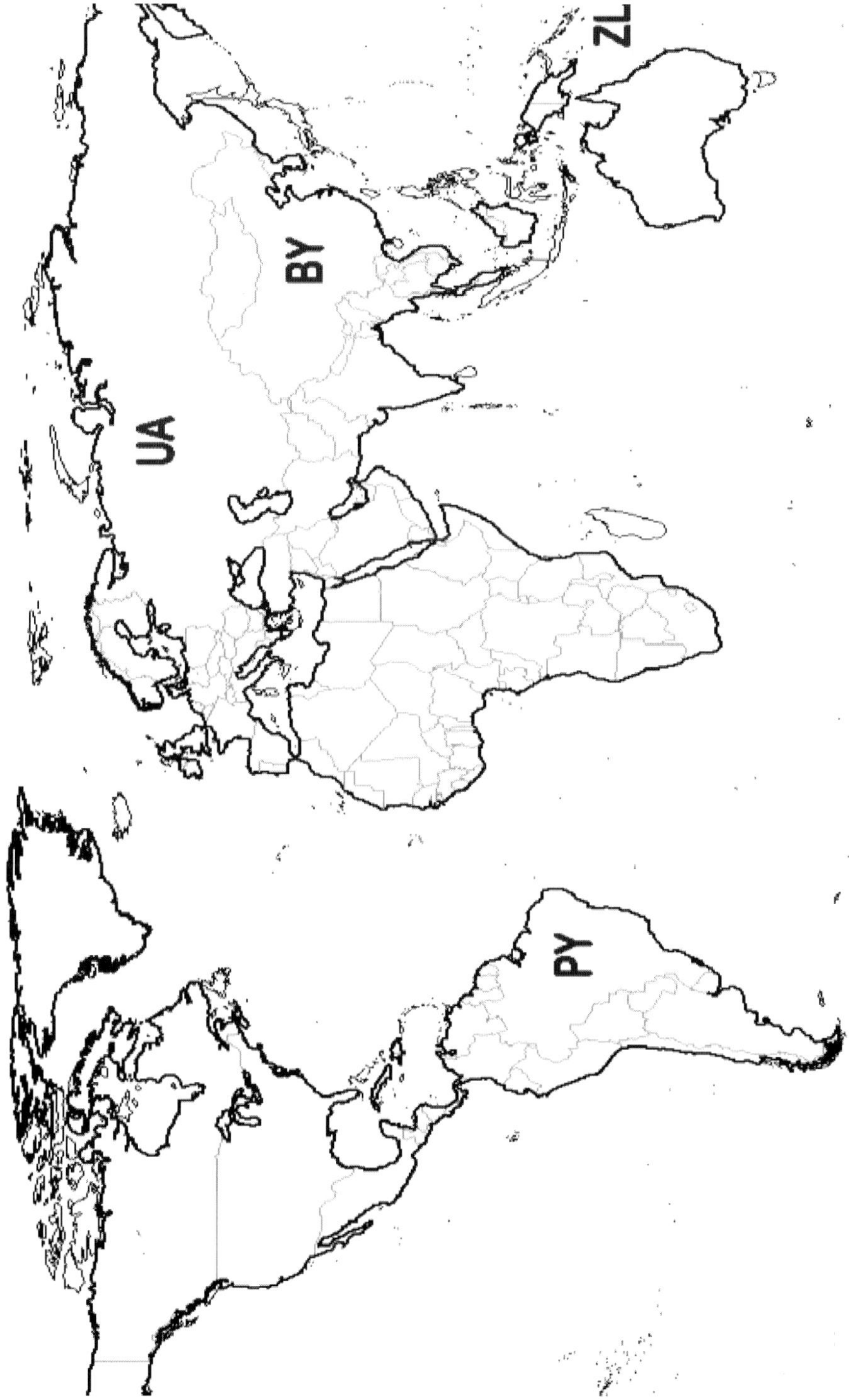
ZL
BY
UA
PY

Wichtige Landeskenner

Europa

CT	Portugal	CS
DL	Deutschland	DA ... DP
EA	Spanien	EB, EC, ED
EA6	Balearen	
EI	Irland	
F	Frankreich	FA ... FE
G	Großbritannien	GB ... GM, M
GI	Nordirland	MI
GJ	Jersey	MJ
GM	Schottland	MM
GU	Guernsey	MU
GW	Wales	MW
HA	Ungarn	HG
HB	Schweiz	(ohne HB0)
HB0	Liechtenstein	
HV	Vatikan	
I	Italien	IA .. IZ
LA	Norwegen	LB
LX	Luxemburg	
LZ	Bulgarien	
OE	Österreich	
OH	Finnland	OF ... OI
OK	Tschechien	OL
OM	Slovakien	
ON	Belgien	
OY	Faröer	
OZ	Dänemark	
PA	Niederlande	PB, PD, PE,PI
UA	Russland*)	RA ...
SM	Schweden	SK, SL
SP	Polen	SO
SV	Griechenland	
TA	Türkei	TB, TC
YU	Jugoslawien	

Merkwörter

HV **H**eiliger **V**ater
LA **La**chse
EA **E**spañ**a**
PA **Pa**y Bas
HB **H**elvetia **B**ern
EI **E**ire

Außereuropäische Landeskenner der drei Regionen

1	5H	Tansania
1	9J	Sambia
1	EA8	Kanarische Inseln
1	EL	Liberia
1	ET	Äthiopien
1	JT	Mongolei
1	JY	Jordanien
1	OD	Libanon
1	ST	Sudan
1	SU	Ägypten
1	TF	Island
1	YK	Syrien
1	ZS	Südafrika
2	AA-AL, K, W, N	USA
2	CE	Chile
2	HC	Ecuador
2	HK	Kolumbien
2	LU	Argentinien
2	OA	Peru
2	PY	Brasilien
2	TI	Costa Rica
2	VE	Kanada
2	XE, XF	Mexiko
2	YV	Venezuela
3	4S Sri	Lanka
3	9M	Malaysia
3	BV	Taiwan
3	BY	China
3	DU-DZ	Philippinen
3	EP	Iran
3	HL, DS-DT	Südkorea
3	JA, JS	Japan
3	VK	Australien
3	VU	Indien
3	ZL	Neuseeland

Merkwörter

TF **t**iefer **F**rost
OA **o**bere **A**nden
PY **Py**ranha
VK **v**iele **K**ängurus
ZL **Z**ea**l**and

Nicht nur Deutschland hat einen Landeskenner mit D. Suchen Sie aus dem Anhang „Landeskenner" aus dem Fragenkatalog der RegTP die weiteren Länder heraus, deren Landeskenner mit D anfangen.

Prüfungsfrage BH102 Die Gruppe von Landeskennern DA bis DZ ist folgenden Ländern zugeordnet.

Lösung: Deutschland (DA-DR), Südkorea (DS-DT) und Philippinen (DU-DZ).

Befindet sich ein Funkamateur mit seiner Funkstation in einem anderen Land, so setzt er den Landeskenner des Gastlandes vor sein eigenes Rufzeichen. In den Ländern Europas (CEPT) gibt es für die Klassen 1 und 2 Gegenseitigkeitsabkommen, die es gestatten, mit dem Heimatrufzeichen im Gastland Funkbetrieb durchzuführen. LX/DJ4UF zum Beispiel befindet sich derzeit in Luxemburg. Es gelten allerdings immer die Verordnungen (Gesetze) des Gastlandes.

Prüfungsfrage BG125
In welcher Form muss ein Funkamateur aus einem Land, das die CEPT-Empfehlung T/R 61-01 anwendet, sein Rufzeichen beim Betrieb seiner Amateurfunkstelle in Deutschland ergänzen?

Dem Heimatrufzeichen wird DL/ (Klasse 1) oder DC/ (Klasse 2) vorangestellt.

Prüfungsfrage BG101
Ein Funkamateur meldet sich mit dem Rufzeichen DC/VE7WH. Was schließen Sie daraus?

Antwort: Es handelt sich um einen Funkamateur aus Kanada, der im Rahmen der CEPT-Regelung Funkbetrieb in Deutschland durchführt.

Prüfungsfrage BG103
Welche Informationen erkennen Sie aus den Rufzeichen DL/OE1AA und DC/PI3AA?

Antwort: Es handelt sich um einen Funkamateur mit einer Genehmigung der CEPT-Klasse 1 aus Österreich, der in Deutschland gemäß der CEPT-Empfehlung T/R 61-01 funkt, sowie um einen Funkamateur mit einer Genehmigung der CEPT-Klasse 2 aus den Niederlanden, der in Deutschland gemäß der CEPT-Empfehlung T/R 61-01 funkt.

Achtung! Den Landeskenner MM für Schottland gibt es tatsächlich. Dies kann bei der folgenden Prüfungsaufgabe zu Irritationen führen.

Prüfungsfrage BG106
Die Amateurfunkstelle mit dem Rufzeichen MM/DJ4UF befindet sich ...

... im schottischen Teil Großbritanniens. Es ist nicht etwa eine maritime Mobilstation.

In der Liste der Landeskenner im Anhang des Fragenkatalogs der RegTP der ersten Auflage fehlt der Landeskenner M für England, sowie die weiteren Einteilungen. In der Tabelle auf der vorigen Seite wurden diese Landeskenner bereits berücksichtigt.

Nachtrag
G, M Großbritannien
GI, MI Nordirland,
GJ, MJ Jersey
GM, MM Schottland
GU, MU Guernsey
GW, MW Wales

Nach der deutschen Amateurfunkverordnung (AFuV) können Funkstationen, die vorübergehend an einem anderen als dem festen Standort betrieben werden, folgende Kennzeichnung an das Rufzeichen anhängen.

/mm bei Funkbetrieb auf offener See (nicht auf einem Binnengewässer!)
/am bei Funkbetrieb in einem Luftfahrzeug
/m bei beweglichen Amateurfunkstellen, die sich zum Beispiel in einem Kraftfahrzeug, auf einem Fahrrad oder auf einem Boot auf einem Binnengewässer befinden.
/p bei vorübergehend ortsfestem Funkbetrieb an einem anderen Ort, als in der Genehmigung eingetragen. Dieser Zusatz ist nicht mehr zwingend erforderlich.

Prüfungsfrage BG102
Was erkennen Sie aus dem Rufzeichen DJ4UF/mm?

Lösung: Die deutsche Amateurfunkstelle befindet sich an Bord eines Wasserfahrzeuges, das sich auf offener See befindet.

Bearbeiten Sie die Prüfungsfragen **BG106, BG109** und **BG112** bis **BG115**.

Bearbeiten Sie die Prüfungsfrage **BG123**.

In Deutschland gibt es eine Zuordnung des Landeskenners zur Lizenzklasse.

CEPT Klasse 1: (DA), DF, DH, DJ, DK, DL, (DM), (DP)
CEPT Klasse 2: (DA), DB, DC, DD, DG, (DM)
Klasse 3: DO, (DA), (DP)

Es gibt personengebundene Rufzeichen und solche für Klubstationen, Relaisfunkstellen, Funkbaken oder für den Ausbildungsbetrieb.

Schauen Sie sich bitte den Anhang 9 zur Anlage 4 im Fragenkatalog an!

Prüfungsfrage BG119
Zu welcher Rufzeichenart und Klasse gehören Rufzeichen, die mit DO1 beginnen?

Antwort: Personengebundene Rufzeichen der Klasse 3.

Prüfungsfrage BG120
Woraus setzen sich die Rufzeichen von deutschen Amateurfunkstellen zusammen?

Antwort: Aus zwei Buchstaben als Präfix, einer Ziffer und 1-3 Buchstaben als Suffix.

Prüfungsfrage BG121
Welches der folgenden Rufzeichen entspricht der CEPT-Klasse 1?
a) DO5XX, b) DB4XX
c) DN4XX, d) DK3XX

Antwort d ist richtig.

Prüfungsfrage BG122
Welches der folgenden Rufzeichen entspricht der CEPT-Klasse 2?
a) DO5XX, b) DB4XX
c) DN4XX, d) DK3XX

Antwort b ist richtig.

Aufgabe
Suchen Sie aus dem Anhang 9, Anlage 4 des Fragenkatalogs alle Präfixe für Klubstationen heraus. Klubstationen werden dort mit KS gekennzeichnet.

Kommen Sie auch zu folgender **Lösung**?

DA0, DB0, DC0, DF0, DH0, DK0, DL0, DM0, DO0, DP0.

Prüfungsfrage BG118
Zu welcher Rufzeichenart und Klasse gehören Rufzeichen, die mit DKØ beginnen?

Antwort aus dem Fragenkatalog: Klubstationsrufzeichen der Klasse 1.

Für besondere Anlässe (Messen, Ausstellungen) kann man bei der RegTP ein „Kurzzeit-Sonderrufzeichen" beantragen. Dafür wurde der Rufzeichenblock DA0 reserviert.

Prüfungsfrage BG104
Was erkennen Sie aus dem Rufzeichen DA0XX?

Antwort: Es handelt sich um eine Zuteilung für eine Kurzzeitklubstation.

Im Paragraf 13 der Amateurfunkverordnung ist der Ausbildungsfunkbetrieb geregelt. Beim Ausbildungsfunkbetrieb wird es Personen gestattet, Funkbetrieb unter Anleitung und Aufsicht eines zur Teilnahme am Amateurfunkdienst berechtigten Funkamateurs durchzuführen. Die Regulierungsbehörde teilt dem ausbildenden Funkamateur auf Antrag ein Ausbildungsrufzeichen für die Dauer von bis zu zwei Jahren zu.

Prüfungsfragen BG116, BG111
Zu welcher Rufzeichenart und Klasse gehören Rufzeichen mit dem Präfix DN?

Antwort aus dem Fragenkatalog: Ausbildungsrufzeichen.

Für die digitale Betriebsart Pactor gibt es auf Kurzwelle so genannte Mailboxen. Das sind „Relaisstationen", bei denen man Nachrichten speichern kann, die von anderen Funkamateuren dann gelesen werden können. Diese Nachrichten können auch weiter vermittelt werden. Diese Relaisstationen können auch eine Verbindung (Gateway) von Kurzwelle ins UHF Packet Radio Netz herstellen. Diese Stationen gehören nach Paragraf 16 zu den Amateurfunkstellen für besondere experimentelle und technisch-wissenschaftliche Studien.

Prüfungsfrage BG104
Was erkennen Sie aus dem Rufzeichen DA5UAW?

Antwort: Der Rufzeichenblock DA5 wurde den Amateurfunkstellen für besondere experimentelle und technisch-wissenschaftliche Studien zugewiesen.

Prüfungsfragen BG107, BG108, BG110
Was erkennen Sie aus dem Rufzeichen DPØXX?

Antwort: Es handelt sich um eine besondere exterritoriale Funkstelle des Amateurfunkdienstes oder des Amateurfunkdienstes über Satelliten.

Rufzeichen von Relaisfunkstellen, Digipeatern und Funkbaken beginnen mit DB0.

Prüfungsfrage BG100
Was erkennen Sie aus dem Rufzeichen DB0ACH?

Antwort: Es handelt sich um eine Relaisfunkstelle, einen Digipeater oder eine Funkbake.

Lektion 4: Betriebliche Abkürzungen

Nicht nur im Amateurfunk sondern in der gesamten Technik / Elektrotechnik / Elektronik werden Abkürzungen verwendet, die den meisten bekannt sein werden, wie zum Beispiel PWR für den Einschalter an einem elektrotechnischen Gerät. Darüber hinaus gibt es aber für den Telegrafie-Funkbetrieb noch weitere Abkürzungen, die meistens aus der englischen Sprache stammen.

Beginnen wir mit allgemeingültigen Abkürzungen, die vielfach in der Technik verwendet werden. Viele davon werden Ihnen sicher bekannt sein. Diese Abkürzungen sind im Anhang … mit großen Buchstaben gekennzeichnet und wurden noch durch ein paar andere vom Autor ergänzt. Außerdem wurde die Bedeutung in Englisch hinzugefügt, damit Sie sich die Abkürzungen viel leichter merken können.

Aufgabe: Lesen Sie sich die folgenden Abkürzungen mehrmals durch!

Abkürzungen Funktechnik

AC	alternating current	Wechselstrom
ADC	analog digital converter	Analog-Digital-Wandler
AF	audio frequency	Niederfrequenz
AFSK	audio frequency shift keying	
AGC	automatic gain control	automatische Verstärkungsregelung
ALC	automatic level control	automatische Pegelregelung
AM	amplitude modulatio	Amplitudenmodulation
ANT	antenna	Antenne
AVC	automatic volume control	automatische Lautstärkeregelung
ATV	amateur television	Amateurfunkfernsehen
BAS		Bild Austast- und Synchronsignal
BBS	bulletin board system	Mailbox (Briefkasten)
BCD	binary coded decimal	binär codierte Dezimalzahl
BCI	broadcast interference	Rundfunk-Störungen
BCL	broadcast listener	Rundfunkhörer
BFO	beat frequency oscillator	Überlagerungsoszillator
Bit	bit	Binärstelle

BPM	(siehe LPM!)	Buchstabe pro Minute
BPS	bits per second	Bit pro Sekunde
CCIR	Int. Komitee für Funkfragen	
CCITT	Int. Komitee für Telefonie/ Telegrafie	
CEPT	Europäische Konferenz der Verwaltungen für Post und Fernmeldewesen	
CO	crystal oscillator	Quarzoszillator
DAC	digital analog converter	Digital-Analog-Wandler
DSB	double sideband modulation	Doppelseitenband Modulation
dB	decibel	Dezibel
DC	direct current	Gleichstrom
EIRP	equivalent isotropic radiated power	äquivalente isotrope Strahlungsleistung
EME	earth moon earth	Erde-Mond-Erde Funkverbindung
EMV	Elektromagnetische Verträglichkeit	
EMVG	Gesetz über Elektromagnetische Verträglichkeit von Geräten	
EMVU	Elektromagnetische Umweltverträglichkeit	
ERP	equivalent radiated power	äquivalente Strahlungsleistung
ESB	(siehe SSB!)	Einseitenband
FAX	facsimile	Bildfernschreiben
FBAS	Farb- Bild- Austast- und Synchron-Signal	
FM	frequency modulation	Frequenzmodulation
FSK	frequency shift keying	Frequenzumtastung
GP	ground plane	Groundplane-Antenne
HF	high frequency	Hochfrequenz (Kurzwelle 3-30 MHz)
IARU	international amateur radio union	
IF	intermediate frequenc	Zwischenfrequenz
IRC	international reply coupon	Internationaler Antwortschein
ITU	international telecommunication union	Internationale Fernmeldeunion
LF	low frequency	(siehe NF)
LPM	letters per minute	Buchstaben pro Minute
LSB	lower side band	unteres Seitenband
LW	long wire	Langdraht Antenne
LUF	lowest usable frequency	niedrigste nutzbare Frequenz
MUF	maximum usable frequency	höchste nutzbare Frequenz

NET	net	Netzwerk
NF	(siehe LF)	Niederfrequenz
OSC	oscilloskope	Oszilloskop
OSCAR	orbiting satellite carrying amateur radio	Amateurfunk-Satellit
OUT	output	Ausgang, Ausgangsleistung
PA	power amplifier	Endstufe
PAL	phase alternating line	Farbfernsehsystem
PBS	personal bulletin system	Mailbox (siehe auch BBS!)
PCM	pulse code modulatior	Pulscodemodulatior
PEP	peak envelope power	Hüllkurvenspitzenleistung
PM	phase modulation	Phasenmodulation
pm	p.m. (post meridiem)	Nachmittag
PSK	phase shift keying	Phasenumtastung
PWR	power	Leistung
RAM	random access memory	flüchtiger Datenspeicher
RF	radio frequency	(siehe HF)
RFI	radio frequency interference	Funkstörungen
RGB	red green blue	RGB-Farbsignal
RMS	root mean square	Effektivwert
ROM	read only memory	Nur-Lesespeicher
RTTY	radio teletype	Funkfernschreiben
RX	receiver	Empfänger
SAE	self addressed envelope	Umschlag mit eigener Adresse
SASE	self addressed and stamped envelope	freigemachter Umschlag mit eigener Adresse
SHF	super high frequency	Zentimeterwellenbereich
SSB	single side band	Einseitenband
SSTV	slow scan television	Schmalbandfernsehen
SWL	short-wave listener	Kurzwellenhörer
SWR	standing wave ratio	Stehwellenverhältnis
TNC	terminal node controller	Intelligentes Packet Radio Modem mit Prozessor
TVI	television interference	Fernsehstörungen
TX	transmitter	Sender
TRX	transceiver	Sender/ Empfänger
UHF	ultra high frequency	Dezimeterwellenbereich
USB	upper side band	oberes Seitenband
UTC	universal time coordinated	koordinierte Weltzeit

Abkürzungen nur für Telegrafie

88	love and kisses
99	leave the frequency
abt	about
adr	address
agn	again
awdh	auf Wiederhören, nur deutsch
cfm	confirm
condx	conditions
cpi	copy
cuagn	see you again
cul	see you later
dr	dear
dwn	down
fb	fine business
fer	for
frd	friend
ga	good afternoon
gb	good bye
gd	good day
gl	good luck
gld	glad
gm	good morning
gn	good night
hr	here
hw	how
mni	many
msg	message
nw	now
r	received
rprt	report
sigs	signs
sked	skedule
stn	station
temp	temperature
tks	thanks (wie tnx)
tmw	tomorrow
tnx	thanks (wie tks)
ufb	ultra fine business
ur	your
vy	very
wid	with
wkd	worked
xcus	excuse
xmas	christmas

Die „88“ werden besonders von Engländern und Amerikanern im QSO mit einer Funkerin verwendet. Damit ist ein Begrüßungs- oder Verabschiedungsküsschen gemeint, wie sie auch im täglichen Umgang dort üblich sind. Es entspricht genau der Brieffloskel „love and kisses“, die man beim Briefwechsel in den Englisch sprechenden Ländern verwendet. Es ist also keinesfalls etwas Anstößiges!

Die „99“ sollten Sie nicht verwenden. Die 99 werden wie „Verschwinde!“ aufgefasst. Wenn jemand stört, geben Sie besser: „PSE QSY“ in CW oder sagen Sie „Please QSY“ in Telefonie.

Prüfungsfrage BC106
Was bedeutet im Telegrafiefunkverkehr die Abkürzung "99"?

Antwort: Die Aufforderung, die Frequenz zu verlassen.

Betriebszeichen Telegrafie

ar	Ende der Übermittlung
sk	Verkehrsende
k	Aufforderung zum Senden
ka	Beginn der Übermittlung
bk	Signal zur Unterbrechung der Sendung
cl	Ich schließe die Station

Die Betriebszeichen KA, AR und SK werden zusammenhängend gegeben.

Prüfungsfrage BC127
Welche Gruppe übersetzt den folgenden QSO-Text richtig in deutschen Klartext?
dl1gj de ea1jc = all ok dr frd juan = pse qrp = ur sigs vy gd = my tx out abt 2 wtts = my pwr mtr not ok = hw cpi? = pse k.

Lösung: DL1GJ von EA1JC = alles in Ordnung, lieber Freund Juan = bitte vermindern Sie die Sendeleistung = Ihre Zeichen sind sehr gut = meine Senderausgangsleistung ist ungefähr 2 Watt = mein Leistungsmessgerät ist nicht in Ordnung = wie können Sie mich aufnehmen? = bitte kommen

Prüfungsfrage BC128
Welche Gruppe übersetzt den folgenden deutschen Klartext richtig in QSO-Text?
dl1ar von py2mag = ganz ausgezeichnet lieber Freund = Ihre Zeichen sind sehr gut = meine Senderausgangsleistung ist nun 2 Watt = bitte senden Sie Ihre QSL-Karte mit selbstadressiertem Umschlag und zwei internationalen Antwortscheinen = ich werde Ihnen meine QSL-Karte direkt schicken, und ich bestätige sicher Kurzwellenhörberichte = .

Lösung aus dem Fragenkatalog: dl1ar de py2mag = ufb dr frd = ur sigs vy gd = my tx out nw 2 wtts = pse ur qsl wid sae es 2 irc = wl qsl direct es sure cfm swl rprts = .

Aufgabe: Bearbeiten Sie in diesem Sinn auch die Prüfungsfragen BC128 bis BC133.

Prüfungsfrage BC136
Was bedeuten die gebräuchlichen Abkürzungen "TX", "RX" und "WX"?

Antwort: Der Reihe nach Sender, Empfänger, Wetter

Prüfungsfrage BC137
Was bedeutet die Betriebsabkürzung für Morsetelegrafie "ka"?

Lösung: Beginn der Übermittlung (Anfangszeichen)

Prüfungsfrage BC138
Was bedeutet die Betriebsabkürzung für Morsetelegrafie "sk"?

Lösung: Verkehrsende

Rein deutsche Abkürzungen

awdh	auf Wiederhören
dk	Dank
lbr	lieber
vl	viel
vln	vielen
wdh	wiederhole
xyl	Ehefrau
55	viel Erfolg

Diese Abkürzungen sind nur im innerdeutschen Funkverkehr gebräuchlich. Verwenden Sie sie also nie im internationalen Funkverkehr!

Prüfungsfrage BC104
Welche Bedeutung hat die Abkürzung "55" im Telegrafiebetrieb?

Antwort aus dem Fragenkatalog: Die Abkürzung bedeutet "Viel Erfolg" und ist nur im deutschsprachigen Raum bekannt.

Lektion 5: IARU-Bandpläne

Die weltweite Gemeinschaft der Funkamateure, die International Amateur Radio Union (IARU) hat Regeln für den Funkbetrieb festgelegt, um einen möglichst reibungslosen Funkverkehr zu ermöglichen. Dazu gehören unter anderem die Bandpläne, Betriebsarteneinteilungen für einzelne Bandabschnitte.

Auf den nächsten beiden Seiten finden Sie zunächst den Kurzwellenbandplan. Schauen Sie sich diesen einmal in aller Ruhe an. Gehen Sie dann die folgenden Prüfungsfragen nacheinander durch und vergleichen Sie die Antwort jeweils mit dem Bandplan. Wenn Sie es mehrmals mit den gleichen Fragen gemacht haben, können Sie diese auch bei der Prüfung richtig beantworten. Die Bandbezeichnungen und die zugehörigen Anfangs- und Endfrequenzen sollten Sie allerdings auswendig können.

Lernen Sie zunächst die Frequenzbereiche der klassischen Amateurfunk-Bänder auswendig. Diese sind in der folgenden Tabelle grau unterlegt. Danach lernen Sie die Frequenzen der so genannten WARC-Bänder 30 m, 17 m und 12 m. Schließlich lernen Sie noch die Frequenzen für das 160-m-Band und dann für die UKW-Bereiche.

Band	Frequenzbereich
160 m	1,810 ... 1,890 MHz
80 m	3,500 ... 3,800 MHz
40 m	7,000 ... 7,100 MHz
30 m	10,100...10,150 MHz
20 m	14,000...14,350 MHz
17 m	18,068...18,168 MHz
15 m	21,000...21,450 MHz
12 m	24,890...24,990 MHz
10 m	28,000...29,700 MHz
6 m	50,080...51,000 MHz
2 m	144 ... 146 MHz
70 cm	430 ... 440 MHz
23 cm	1240 ... 1300 MHz
13 cm	2320... 2450 MHz

Die wichtigsten Amateurfunkbänder

Bearbeiten Sie die **Prüfungsfragen BD101** und **BD102** aus dem Fragenkatalog der RegTP.

Band (in kHz)	**Frequenzbereiche in kHz**	**Bandnutzung**	**Bemerkungen**
160 m	1810-1890	nur Telegrafie und Schmalband, kein PR	max. 75 W
80 m	**3500**–3580	Telegrafie	Sonnenfleckenmaximum: Am Tag nur relativ geringe Reichweite wegen Absorption an D-Schicht (Winter: 400 km, Sommer: kleiner). Nach Sonnenuntergang größere Reichweiten Sonnenfleckenminimum: In den Morgenstunden oft interkontinentaler Verkehr. Sprungdistanz bis 1000 km
	3500–3510	Telegrafie-DX	
	3510–3560	Telegrafie-Contest	
	3580–3620	digitale Betriebsarten	
	3600–3800	Telefonie und anderes	
	3600–3650	Telefonie-Contest	
	3700–37750	Telefonie-Contest	
	3730–3740	SSTV/Fax	
	3775–**3800**	Telefonie-DX	
40 m	**7000**–7035	Telegrafie	primär, weitgehend exklusiv Tagesdämpfung durch D-Schicht noch erheblich. Tagesreichweite bis 1000 km. Tote Zone am Tag 100 km. Nachts und im Winter vergrößert sich Sprungdistanz mit Maximum um Mitternacht. Größte Reichweiten bei Ausbreitung auf Nachtseite.
	7035-7045	digitale Betriebsarten	
	7045–**7100**	Telefonie, Telegrafie	
30 m (WARC-Band)	**10 100–10 150**	Schmalband-Betriebsarten	AFu sekundär, kein Contestbetrieb 150 W bzw. 300 W in Ostdeutschland
20 m	**14 000**–14 070	Telegrafie	Sonnenfleckenmaximum: Zu fast allen Zeiten permanent für DX nutzbar. Europaverbindungen im Sommer brauchbar, wenn keine tote Zone vorhanden. Sprungdist. 400 km Sonnenfleckenminimum: Nur tagsüber und in der Dämmerungsperiode offen, sonst tot. Sprungdistanz 1000 km (bestes Band für dauerhaftes DX)
	14 000-14 070	Telegrafie-Contest	
	14 070–14 099	alle Schmalband-Betriebsarten	
	14 100 ± 1 kHz	Bakenfrequenz exklusiv	
	14 101–14 112	alle Betriebsarten	
	14 112–**14 350**	Telefonie, Telegrafie	
	14 125–14 300	alle Betriebsarten	
	14 230	SSTV/Fax-Anruffrequ.	
17 m (WARC-Band)	18 068–18 100	Telegrafie	generell kein Contestbetrieb
	18 101–18 109	Schmalband	
	18 110 ± 1 kHz	Bakenfrequenz exklusiv	
	18 111–18 168	alle Betriebsarten	

15 m	**21 000**–21 149	Telegrafie	primär, weitgehend AFu exklusiv
	21 080–21 120	alle Schmalband-Betriebsarten	Sonnenfleckenmaximum: Fast durchgehend für DX offen
	21 150 ± 1 kHz	Bakenfrequenz exklusiv	Sonnenfleckenminimum:
	21 151–**21 450**	alle Betriebsarten	Bestenfalls im Sommer tagsüber kurzzeitig für DX brauchbar
12 m (WARC-Band)	**24 890**–24 920	Telegrafie	generell kein Contestbetrieb
	24 920–24 929	Schmalband	
	24 930 ± 1 kHz	Bakenfrequenz exklusiv	
	24 931–**24 990**	alle Betriebsarten	
10 m	**28 000**–28 190	Telegrafie	primär, weitgehend AFu exklusiv
	28 050–28 150	alle Schmalband-Betriebsarten	Sonnenfleckenmaximum: Verbindungen über Raumwelle, Tagsüber gute DX-Bedingungen mit geringer Sendeleistung. Tote Zone 4000 km. Ausbreitung auf Tagseite.
	28 190–28 225	Bakenfrequenzbereich	
	28 225–29 200	Telefonie	
	29 200–29 300	alle Betriebsarten	
	29 300–29 510	Satelliten-Downlink exklusiv	Sonnenfleckenminimum: Keine DX-Verbindungen
	29 510–**29 700**	alle Betriebsarten auch FM-Relais	
6 m	50,08 MHz – 51,00 MHz		Zusatzgenehmigung erforderlich
2 m	144-146 MHz	Siehe nächste Seite	primär, weitgehend AFu exklusiv
70 cm	430-440 MHz	Siehe nächste Seite	primär
23 cm	1240 MHz - 1300 MHz		sekundär
13 cm	2320 MHz - 2450 MHz		sekundär Spitzenleistung 75 W
SHF	24,00 - 24,05 GHz, 47,0 - 47,2 GHz, 142 - 144 GHz, 248 - 250 GHz und weitere		primär, weitgehend AFu exklusiv
	weitere Bereiche		sekundär

Der IARU Region 1 Bandplan, für die Prüfungsvorbereitung etwas reduziert

Hinweise zum Bandplan

- Generell gilt „Non-Interference-Basis", also vor dem Belegen einer Frequenz hören, ob sie frei ist!
- Telefonie: bis 10 MHz unteres Seitenband (LSB), über 10 MHz oberes Seitenband (USB) verwenden.
- Auf den WARC-Bändern ist Kontestbetrieb nicht vorgesehen.
- Auf den Bakenfrequenzen ist Sendebetrieb nicht gestattet.

Dieser Bandplan wurde speziell für die Prüfungsaufgaben zusammengestellt und vor allem im SHF-Bereich reduziert. Für die Praxis holen Sie sich bitte den aktuellen Bandplan von der Homepage des DARC unter http://www.darc.de/bandplan.

Bearbeiten Sie die **Prüfungsfragen BD103** bis **BD116, BD126, BD129** bis **BD151**, sowie **BI103.**

Prüfungsfrage BI147
Aus welchem Grund ist es falsch, die Frequenz 14065 kHz in einem CW-Contest zu benutzen?

Antwort: Weil die Frequenz außerhalb des von der IARU für Konteste empfohlenen Frequenzbereichs liegt.

Prüfungsfrage BI149
Sie rufen zur Dämmerungszeit auf 3505 kHz mit einer Sendeleistung von 3 Watt in CW CQ. Wieso ist dies nicht angebracht?

Antwort: Bei dieser Frequenz handelt es sich um den für DX-Verbindungen empfohlenen Bereich.

2-m-/70-cm-Bandplan

2-m-Band 144-146 MHz	EME (CW, SSB)	144,000 - 144,035 MHz
	Telegrafie	144,035 - 144,150 MHz
	Telefonie, Telegrafie	144,150 - 144,400 MHz
	Bakenbereich *)	144,400 - 144,490 MHz
	FM-Simplex	145,2125 - 145,5875 MHz
	Relaiseingabe (-0,6 MHz)	145,000 - 145,1875 MHz
	Relaisausgabe	145,600 - 145,7875 MHz
	Satellitenbereich	145,800 - 146,000 MHz
70-cm-Band 430-440 MHz	Telegrafie	432,000 - 432,150 MHz
	Telefonie, Telegrafie	432,150 - 432,500 MHz
	Bakenbereich *)	432,800 - 432,990 MHz
	FM-Simplex	430,0125 - 430,3875 MHz 433,050 - 434,775 MHz
	Relaiseingabe (-7,6 MHz)	430,950 - 431,825 MHz
	Relaisausgabe	438,550 - 439,525 MHz
	Satellitenbereich	435,000 - 438,000 MHz
	Digipeater Eingabe (-7,6 MHz)	430,700 - 430,925 MHz
	Digipeater Ausgabe (Duplex)	438,300 - 438,525 MHz

*) Kein Sendebetrieb im Bakenbereich!

Bearbeiten Sie die **Prüfungsfragen BD117** bis **BD125!**

Den aktuellen Bandplan finden Sie auf der Homepage des DARC unter http://www.darc.de/bandplan.

Lektion 6: Abwicklung des Kurzwellen-Amateurfunkverkehrs

Der internationale Amateurfunkverkehr unterliegt gewissen Regeln, den „IARU-Regeln", an die sich die Funkamateure halten, damit es nicht zu gegenseitigen Beeinträchtigungen kommt. Zu diesem Thema gibt es viele Prüfungsfragen.

Der internationale Funkverkehr auf Kurzwelle unterscheidet sich sehr von den lokalen Gesprächsrunden auf den FM-Kanälen auf Ultrakurzwelle. Während man in den lockeren Gesprächsrunden auf UKW kaum sein Rufzeichen nennt und auch keine „Rapporte verteilt", gibt es auf Kurzwelle je nach Betriebsart einige Regeln, die beachtet werden müssen.

Es gibt zwei Arten, eine Funkverbindung auf Kurzwelle aufzunehmen. Einerseits kann man sich selbst eine leere Frequenz suchen und einen allgemeinen Anruf (CQ) starten oder man antwortet auf einen CQ-Ruf oder steigt in eine laufende Runde ein. Beginnen wir mit dem eigenen CQ-Ruf.

Prüfungsfrage BI102
Auf welche Art können Sie beispielsweise eine Amateurfunkverbindung beginnen?

Die vorgegebenen Antworten und die richtige Lösung finden Sie im Fragenkatalog.

Durch intensives Hören suchen Sie sich zunächst eine beliebige Frequenz – natürlich nach dem Bandplan (siehe Lektion 5!). Sie kennen sicher aus dem Buch Funktechnik das Phänomen der toten Zone. Das heißt, auch wenn Sie gerade nichts hören, kann trotzdem eine Funkverbindung auf der ausgewählten Frequenz laufen.

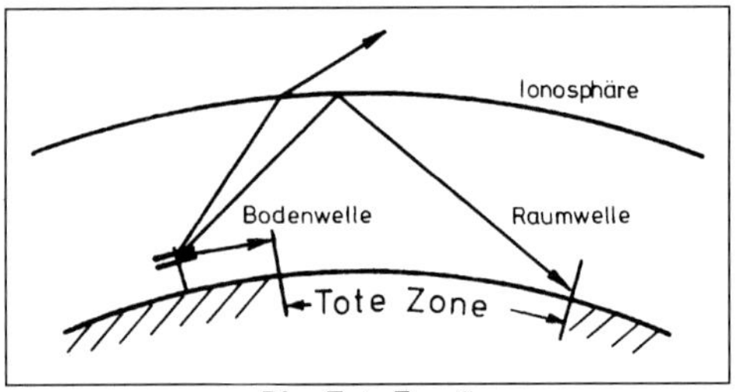

Die „Tote Zone"

Prüfungsfrage BI126
Warum erscheint Ihnen auf den höheren Frequenzbändern der Kurzwelle eine Frequenz als frei, obwohl sie sich anschließend als besetzt herausstellt?

Deshalb sollten Sie also etwas länger hineinhören, bis der eventuelle Gesprächspartner antwortet, den Sie dann sicher hören können. Bevor Sie dann den CQ-Ruf beginnen, vergewissern Sie sich dennoch erst einmal durch Fragen, ob die Frequenz frei ist: „Is this frequency in use?" – „Ist diese Frequenz besetzt?" Erst wenn niemand antwortet, starten Sie Ihren allgemeinen Anruf.

Prüfungsfrage BI101
Was müssen Sie tun, bevor Sie auf einer Frequenz CQ rufen?

Prüfungsfrage BI125
Sie möchten im 20-m-Band einen allgemeinen Anruf starten. Sie finden eine Frequenz, die offensichtlich nicht belegt ist. Wie gehen Sie vor?

Die vorgegebenen Antworten und die richtige Lösung finden Sie im Fragenkatalog.

Im Amateurfunk gilt: Wer zuerst auf einer Frequenz war, dem „gehört" die Frequenz. Sie können dort so lange Funkbetrieb machen, wie Sie wollen. Niemand kann sich eine Frequenz reservieren. Wenn Sie sich also mit einem anderen Funkamateur für eine bestimmte Zeit auf einer Frequenz verabreden, könnte diese besetzt sein. Dann müssen Sie ausweichen (QSY machen). Machen Sie mindestens soweit QSY, wie die Bandbreite des Signals ist, für SSB also mindestens drei Kilohertz.

Prüfungsfrage BI128
Welche Empfehlungen soll der Funkamateur beim Funkbetrieb beachten?

Im CB-Funk gibt es eine Unsitte, einen allgemeinen Anruf mit QRZ zu beginnen. Dies ist im Amateurfunk falsch, denn QRZ ist ein gezielter Anruf an eine Station, wenn man beispielsweise beim Anruf das Rufzeichen nicht verstanden hat. Es bedeutet etwa: „Ruf mich noch einmal an!"

Prüfungsfrage BI104
Dürfen Sie einen allgemeinen Anruf mit QRZ beginnen?

Prüfungsfrage BI113
Ihr Rufzeichen sei DJ4UF. Sie hören in Telefonie unvollständig "... 4UF". Wie reagieren Sie?

Die vorgegebenen Antworten und die richtige Lösung finden Sie im Fragenkatalog.

Bearbeiten Sie auch die **Prüfungsfrage BI105!**

Wenn Sie selbst CQ gerufen haben, dürfen Sie nach Beendigung der Funkverbindung auf dieser Frequenz wieder CQ rufen. Man sagt: „Die Frequenz gehört Ihnen." Wenn nun aber eine andere Station Ihren Funkpartner anruft, dann lassen Sie den beiden Stationen Zeit, sich zu verständigen, damit diese auf eine andere Frequenz wechseln können, wenn Sie wieder CQ rufen möchten. Ansonsten können Sie Ihrem Funkpartner beispielsweise sagen: „Sie können die Frequenz haben, ich wollte sowieso eine Funkpause machen" oder ähnliches.

Prüfungsfrage BI129
Eine seltene Station, die auf 7080 kHz "CQ" gerufen hat, sagt am Ende ihres CQ-Rufes "listening 7095 up". Was tun Sie, wenn Sie diese Station anrufen wollen?

Prüfungsfrage BI411
Was verstehen Sie darunter, wenn die Gegenstation sagt: "split up 14250 to 14280"?

Die vorgegebenen Antworten und die richtige Lösung finden Sie im Fragenkatalog.

Man nennt diese Art des Funkbetriebs, bei der die anrufenden Stationen eine andere Frequenz als die sendenden Stationen benutzen „Split-Funkverkehr“.

Bearbeiten Sie die **Prüfungsfrage BI412!**

Prüfungsfrage BI119
Wie können Sie die Abwicklung des Funkverkehrs einer seltenen Station unterstützen?

Richtige **Antwort** zu **BI119** im Fragenkatalog: Ich höre erst längere Zeit zu, um die Arbeitsweise der Station kennen zu lernen, bevor ich selbst anrufe.

Um der vielen anrufenden Stationen Herr zu werden, rufen die DX-Stationen manchmal einzelne Länder auf oder sie begrenzen die Anzahl dadurch, dass sie nacheinander die Ziffer im Rufzeichen als Auswahlkriterium nennen. Folgende Prüfungsfrage soll als Beispiel dienen.

Prüfungsfrage BI122
Eine seltene Station ruft in SSB "only number 3, only suffix". Was ist damit gemeint?

Richtige **Antwort**: Die Station möchte nur Rufzeichen mit der Ziffer "3" im Präfix und bittet, nur mit den Buchstaben des Suffix zu rufen.

Eine weitere Möglichkeit, ein großes Pile-up zu vermeiden, besteht beim so genannten „Listenbetrieb“. Eine gut hörbare andere Station notiert anrufende Stationen in einer Liste und ruft später diese Stationen zur Aufnahme einer Funkverbindung mit der seltenen Station auf.

Prüfungsfrage BI410
Was verstehen Sie bei einer seltenen Station unter der Aufforderung zu "Listenbetrieb"?

Für den Funkbetrieb in Morsetelegrafie gibt es noch ein paar Besonderheiten zu beachten. Stationen mit kleinster Leistung verwenden manchmal das Anhängsel /QRP an das Rufzeichen, zum Beispiel „CQ DJ4UF/QRP“. Dies ist nicht erlaubt, denn nach den Radio Regulations (RR) sind nur /m, /mm, /am und /p vorgesehen.

Prüfungsfrage BI142
Sie führen das Rufzeichen DH4XYZ und wollen mit Ihrer 5-Watt-Funkanlage auf den CQ-Ruf von JA8ABC antworten. Auf welche Art und Weise tun Sie das?

In den Antworten im Fragenkatalog werden Rufzeichen mit /qrp oder /qrs oder /qro vorgeschlagen. Jedoch ist nur folgende Antwort richtig.

JA8ABC de DH4XYZ DH4XYZ DH4XYZ pse k

Bei Morsetelegrafie ist es üblich, mit der Gebegeschwindigkeit zu antworten, mit der die Station CQ gerufen hat. Wenn Sie von einem offensichtlichen Anfänger in niedrigem Morsetempo angerufen werden, passen Sie sich bitte seiner Gebegeschwindigkeit an. Bearbeiten Sie in diesem Zusammenhang die Prüfungsfrage **BI117**!

Wenn Sie einen Sender mit geringer Leistung verwenden (QRP), eignen sich die Betriebsarten CW, PSK31 oder Pactor am besten, da sie mit sehr geringer Bandbreite auskommen. Bearbeiten Sie in diesem Zusammenhang die Prüfungsfrage BI143!

Prüfungsfragen BI144, BI145 und **BI148**
Welche Betriebsarten sind für QRP-DX-Betrieb auf Kurzwelle am besten geeignet / ungeeignet?

Geeignet: PSK31, CW, Pactor, Digimodes.
Ungeeignet: (SSB), SSTV, ATV

Es ist beispielsweise nicht „fair“, wenn Sie einen Sender mit 100 W haben, die Leistung dann auf 5 Watt reduzieren und damit ein Funkgespräch in SSB beginnen, wobei Sie der anderen Station manchmal doch recht schwierige Empfangsbedingungen zumuten, während Sie die Gegenstation mit ihren 100 Watt hervorragend aufnehmen können. Verwenden Sie also für Ihre QRP-Versuche die geeigneten Betriebsarten!

Prüfungsfrage BI147
Aus welchem Grund ist es falsch, die Frequenz 14065 kHz in einem CW-Contest zu benutzen?

Antwort: Weil die Frequenz außerhalb des von der IARU für Conteste empfohlenen Frequenzbereichs liegt.

Prüfungsfrage BI149
Sie rufen zur Dämmerungszeit auf 3505 kHz mit einer Sendeleistung von 3 Watt in CW CQ. Wieso ist dies nicht angebracht?

Antwort: Bei dieser Frequenz handelt es sich um den für DX-Verbindungen empfohlenen Bereich. Beachten Sie also die Bandpläne (Lektion 5)!

Eine weitere Unart ist es, kurz vor dem Anruf bei einem Pile-up direkt auf der Frequenz nochmals seinen Sender neu abzustimmen, um möglichst viel Leistung herauszuholen. Die Abstimmung des Senders soll mit einer künstlichen Antenne (Dummy Load) oder die Anpassung der Antenne auf einer unbenutzten anderen Frequenz erfolgen.

Prüfungsfrage BI121
Sie möchten eine „CQ“ rufende Station arbeiten. Ihr Sender ist aber noch nicht für das vorgesehene Band abgestimmt. Wie gehen Sie vor?

Die vorgegebenen Antworten und die richtige Lösung finden Sie im Fragenkatalog.

Bearbeiten Sie in diesem Zusammenhang auch die **Prüfungsfrage BI301!**

Dummy Load kleiner Leistung

Der Bau einer Dummy Load wird im Amateurfunk-Lehrgang für die Klasse 1 und 2 – Technik in der Lektion 19 ausführlich beschrieben. Siehe auch „Projekte“ auf der Homepage www.amateurfunklehrgang.de!

Funkwettbewerb (Kontest)

Eine besondere Art des Funkbetriebs erfordert der Kontest. Solche Funkwettbewerbe werden von den verschiedenen Amateurfunkorganisationen ausgerichtet. Es gibt weltweite Kurzwellenkonteste oder lokale UKW-Konteste. Gemeinsames Ziel aller Konteste ist, in einer bestimmten Zeit möglichst viele Funkkontakte unter bestimmten Bedingungen zu erzielen. Die Ausschreibungen der Konteste finden Sie in den Amateurfunk-Zeitschriften oder in den Packet Radio Mailboxen.

Bei Kontesten wird der Funkbetrieb sehr kurz gehalten. Meistens werden nur der Rapport und eine laufende QSO-Nummer ausgetauscht. Bei UKW-Kontesten wird noch der Locator angegeben, da meistens die erzielte Entfernung als Abrechnungsmodus gilt. Die Logs (QSO-Aufzeichnungen) werden danach zur Auswertung meistens per E-Mail oder auch per Brief als Ausdruck an den Veranstalter geschickt. Es wird selbstverständlich Ehrlichkeit vorausgesetzt, dass nur wirklich getätigte Funkverbindungen abgerechnet werden.

Für alle Konteste gilt: Nur Verbindungen in den für Konteste festgelegten Frequenzbereichen (s. IARU Bandpläne Lektion 5!) zählen. Für Nicht-Kontestteilnehmer gilt: An den Kontesttagen haben die Kontest-Stationen Vorrang auf den dafür ausgewiesenen Frequenzen. Weichen Sie als Nichtteilnehmer auf andere Bandbereiche aus!

Prüfungsfrage BI127
Welche Betriebsbedingungen sollten Sie für die Teilnahme an einem internationalen KW-Wettbewerb unbedingt einhalten?

Prüfungsfrage BI147
Aus welchem Grund ist es falsch, die Frequenz 14065 kHz in einem CW-Contest zu benutzen?

Die vorgegebenen Antworten und die richtige Lösung finden Sie im Fragenkatalog.

Prüfungsfrage BD152
In welchem Frequenzbereich des 80-m-Bandes sind Wettbewerbsverbindungen in Telegrafie bevorzugt durchzuführen?

Antwort: 3510-3560 kHz

Prüfungsfrage BD154
In welchem Frequenzbereich des 20-m-Bandes sind Wettbewerbsverbindungen in Telefonie bevorzugt durchzuführen?

Antwort: 14125-14300 kHz

Bearbeiten Sie in diesem Zusammenhang die **Prüfungsfragen BD153, BD155** bis **BD158.**

Fieldday, Mobilwettbewerb

Ein besonderer Kontest ist der „Fieldday". Hierbei ziehen Gruppen von Funkamateuren ins Freie und haben die Aufgabe, unabhängig vom Stromnetz innerhalb von 24 Stunden mit möglichst vielen anderen Stationen Funkkontakt aufzunehmen.

Prüfungsfrage BI108
Sie hören eine Amateurfunkstation in Morsetelegrafie rufen „CQ FD CQ FD de DJ4UF/P". Was bedeutet das?

FD steht für „Fieldday". DJ4UF/P sucht also vornehmlich Verbindungen mit Stationen, die für den Wettbewerb gewertet werden.

Fieldday- oder Portabelstation

Mobilwettbewerbe sind Konteste, bei denen Funkbetrieb von einem Fahrzeug (Auto. Motorrad, Fahrrad) gemacht wird. Meistens werden diese im Zusammenhang mit dem Besuch einer überregionalen Veranstaltung, ausgeschrieben.

Bei einem fahrenden Auto sollte immer nur der Beifahrer den Funkbetrieb durchführen. Es geht dabei nie um motorsportliche Aktivitäten, sondern immer nur um den Funkbetrieb. Entfernung und Geschwindigkeit spielen keine Rolle. Man darf auch von einem stehenden Fahrzeug teilnehmen. Häufig sind dies so genannte „Anfahrtwettbewerbe" zu Veranstaltungen, zu der sowieso viele Funkamateure mit ihren Fahrzeugen kommen.

Fuchsjagd

Ein anderer Funkbetrieb im Freien ist der „Funkorientierungslauf" oder „A R D F" (amateur radio direction finding), der im Amateurfunk „Fuchsjagd" genannt wird. Zu diesem Zweck werden in einem Waldgebiet kleine, batteriebetriebene Sender versteckt, die von den Teilnehmern mit Hilfe von Peilempfängern in einer bestimmten Zeit aufgefunden werden sollen.

Prüfungsfrage BI418
Was verstehen Funkamateure unter einer Fuchsjagd?

Bei „offiziellen" Fuchsjagden werden fünf Sender versteckt, die jeweils nacheinander eine Minute lang eine Kennung ausstrahlen und dann vier Minuten Pause machen. Der Fuchs 1 mit der Kennung MOE läuft in der ersten Minute eines 5-Minutenzyklus, Fuchs 2 mit der Kennung MOI in der zweiten Minute und so weiter.

Frage
Sie hören in Telegrafie immer wieder die Morsezeichen MOS. Was bedeutet dies?

Antwort: Es ist die Morsekennung des dritten Fuchses bei einer Fuchsjagd.

Die Füchse werden von den Teilnehmern nicht der Reihe nach gesucht, sondern möglichst so, dass man den kürzesten Weg laufen muss. Die Richtungen zu allen Füchsen sollte man nach dem Start einer Fuchsjagd zunächst auszupeilen versuchen und sich diese aufmalen. Es hilft sehr, wenn man unterwegs dann erneut eine solche „Kreuz-Peilung" macht.

Fuchsjäger mit 80-m-Peilempfänger

Lektion 7: Abwicklung des Amateurfunkverkehrs auf VHF/UHF

Grundsätzlich ist die Betriebsabwicklung des Funkverkehrs auf Ultrakurzwelle (VHF/UHF) vergleichbar mit der auf Kurzwelle. Jedoch gibt es einige Eigenheiten wegen der besonderen Ausbreitung der Ultrakurzwellen.

Abkürzung	Frequenzbereich	Wellenlänge
HF	3 - 30 MHz	100 m - 10 m
VHF	30 - 300 MHz	10 m - 1 m
UHF	300 MHz - 3 GHz	1 m - 10 cm
SHF	3 - 30 GHz	10 cm - 1 cm
EHF	30 - 300 GHz	1 cm - 1 mm

Die Ultrakurzwellen sind Schwingungen mit einer Wellenlänge, die kürzer ist als die der Kurzwellen. Der Kurzwellenbereich geht von 3 bis 30 MHz, das sind Wellenlängen von 100 m bis 10 m. Ultrakurzwellen sind kürzer als 10 m.

Man unterscheidet die Frequenzbereiche international nach der Frequenz, während man in Deutschland nach der Wellenlänge unterscheidet, also Langwelle, Mittelwelle, Kurzwelle, Ultrakurzwelle. Der Kurzwellenbereich wird international mit HF (high frequency) abgekürzt. Die Bereiche darüber heißen VHF (very high frequency), UHF (ultra high frequency), SHF (super high frequency) und als bisher letzte Steigerung EHF (extremely high frequency). Die Frequenzbereiche mit den zugehörigen Wellenlängen gehen aus folgender Tabelle hervor.

Die Ausbreitung der Ultrakurzwellen ähnelt weitgehend der des Lichtes. Man spricht von Freiraumausbreitung. Diese Wellen breiten sich nahezu geradlinig aus und werden wie das Licht reflektiert, gebeugt und gebrochen. Eine Reflexion an der Ionosphäre wie bei Kurzwellen findet, abgesehen von sehr seltenen Ausnahmen, nicht statt.

Die unter normalen Bedingungen überbrückbaren Entfernungen sind deshalb nicht groß. Sie betragen je nach Frequenzbereich, Gelände und vor allem je nach Höhe der Antennen über Normalnull (NN) etwa 10 bis 250 km. Sehr interessant für die Funkamateure sind deshalb die so genannten Überreichweiten, wobei Entfernungen bis 2000 Kilometer überbrückt werden. Die Betriebstechnik unterscheidet sich bei den verschiedenen Ausbreitungsarten.

FM-Simplex-Funkbetrieb

Simplex bedeutet, dass man auf der gleichen Frequenz empfängt, auf der man gesendet hat. Für Relaisfunkbetrieb (weiter unten) wird Halbduplexbetrieb verwendet, was bedeutet, dass man abwechselnd auf einer Frequenz sendet und auf einer anderen empfängt. Digipeater arbeiten häufig in Vollduplex. Vollduplex wird auch beim Satellitenfunk verwendet, bei dem man gleichzeitig senden und auch empfangen kann.

Für Frequenzmodulation auf UKW ist eine Bandbreite von zirka 12 kHz notwendig. Man hat deshalb den zur Verfügung stehenden Frequenzbereich in Kanäle zu 12,5 kHz aufgeteilt.

Bandplan FM (Simplex)

2-m-Band:	145,2125 bis 145,5875 MHz
70-cm-Band:	430,0125 - 430,3875 und 433,050 - 434,775 MHz

„Wie kann man sich diese "krummen" Frequenzbereiche denn merken“, fragen Sie? Das ist gar nicht so schwierig. Denken Sie sich zunächst die 12,5 kHz weg und merken sich 145,200 bis 145,600 MHz im 2-m-Band. Da der Sender noch eine gewisse Bandbreite benötigt, müssen Sie von diesen Bandenden jeweils etwas Abstand halten, denn würden Sie auf 145,200 MHz senden, wäre ja mindestens ein Seitenband unterhalb dieser nicht mehr erlaubten Frequenz.

Sie müssen einen Kanal Abstand halten. Da das Kanalraster 12,5 kHz beträgt, ist also die erste mögliche Frequenz 12,5 kHz oberhalb von 145,200 MHz. Das sind 145,2125 MHz. Entsprechend verhält es sich am oberen Ende des Simplexbereiches. Dort müssen Sie die 12,5 kHz von 144,600 MHz abziehen, was 144,5875 MHz ergibt.

> **Prüfungsfrage BD125**
> Welche Frequenzbereiche des 70-cm-Bandes sind für FM-Simplex-Funkbetrieb vorgesehen?

Für den Simplexbereich im 70-cm-Band merken Sie sich 430,000 bis 430,400 MHz mit 12,5 kHz Abstand von diesen Eckfrequenzen und den zweiten Frequenzbereich 433,050 bis 434,775 merken Sie sich direkt.

> **Prüfungsfrage BD125**
> Welche Frequenzbereiche des 70-cm-Bandes sind für FM-Simplex-Funkbetrieb vorgesehen?

In diesen Frequenzbereichen treffen sich (meist erst nach Feierabend) die Funkamateure einzelner Gruppen (Freundeskreise) oder Ortsverbände, um sich zur Entspannung ein wenig zu unterhalten. Hier ruft keiner "CQ" (erst recht nicht "QRZ"), um ein Gespräch zu beginnen. Meistens wird einer der Funkamateure durch Nennung seines eigenen Rufzeichens den anderen Zuhörern bekannt machen, dass er "da" ist, beispielsweise: "Hier ist DJ4UF" und nicht mehr. Sollte einer der Freunde oder Bekannten auf der Frequenz zuhören, der ihn gern einmal sprechen möchte, meldet er sich ebenfalls mit seinem Rufzeichen und spricht dann den vorherigen OM direkt mit Namen an, um ihn etwas zu fragen und wenn es nur die Floskel ist "Hallo Eckart, wie geht's"?

Wenn Sie eine Frequenz gefunden haben, von der Sie wissen, dass sich dort ab und zu Funkamateure unterhalten, die Sie gut empfangen können, aber zurzeit niemand spricht, können Sie selbst eine Runde beginnen, indem Sie auf dieser Frequenz "CQ" rufen. Sagen einfach einmal "Allgemeiner Anruf von DC1ABC." - Natürlich verwenden Sie Ihr eigenes Rufzeichen! - Dann lassen Sie die PTT-Taste direkt wieder los.

Sie können zur Abwechslung auch "CQ von Delta Charlie - 1 Alfa Bravo Charlie" sagen. Rufen Sie aber nicht wie beim Kurzwellen-DX-Funkverkehr " CQ CQ CQ von ...", denn normalerweise ist die Verständlichkeit in FM sehr gut und es genügt, alles nur einmal zu sagen.

Wie kann man nun als Newcomer in eine bestehende Gesprächsrunde hineinkommen, wenn man doch niemanden kennt? Hierzu gehört etwas "Fingerspitzengefühl". Interessiert einen das Gesprächsthema über irgendein technisches Problem, ist es relativ einfach. Möchte man nur gern einmal ausprobieren, ob der eigene Sender oder die Antennen funktionieren oder wie weit man so mit der Anlage kommt, könnte man es folgendermaßen versuchen.

Hören Sie zunächst eine Weile zu. Wie schnell schalten die OM um? Hört man aus dem Tonfall heraus, wann er umschalten wird? Können Sie es einschätzen, müssen Sie versuchen, genau in dem Moment den Sender einzuschalten, noch bevor derjenige die Taste losgelassen und der andere schon wieder eingeschaltet hat. Melden Sie sich dann dazwischen zum Beispiel mit: "DC1ABC mit einer Frage" und lassen die PTT direkt wieder los.

Hat Sie der andere gehört, wird er sofort darauf reagieren und eventuell fragen: "Wer war da gerade? Bitte schön!" Nun sind Sie an der Reihe. Halten Sie Ihren ersten Durchgang sehr kurz, etwa so: "Hier ist Ralf aus Düsseldorf. Ich habe am Freitag meine Lizenz gemacht und möchte gern einmal wissen, wie ich heraus komme. Mein Rufzeichen ist (nun langsam buchstabieren!) Delta Charlie 1 Alfa Bravo Charlie."

Lassen Sie einfach wieder die PTT los (ohne Worte wie "Over" oder „Break“ oder ähnlich!) und warten Sie, wer von den Stationen sich meldet. Passen Sie jetzt gut auf und schreiben Sie Rufzeichen und Namen mit, falls Sie diese nicht schon vorher aus dem Gespräch mitbekommen haben.

Alle auf der Frequenz befindlichen Stationen werden Ihnen der Reihe nach sagen, wie man Sie empfangen kann. In FM hat man selten ein S-Meter zur Verfügung oder es sagt nicht viel aus. Man wird Ihnen nur sagen, dass man Sie hier und dort recht gut, sehr stark oder schwach mit Rauschen empfangen kann.

Wenn Sie dann wieder aufgefordert werden zu senden, sollten Sie alle Rufzeichen und die zugehörigen Namen nennen können (ablesen vom Zettel) und auch den einzelnen Stationen sagen, wie Sie diese hören. Wenn Sie einzelne Namen zu den Rufzeichen nicht zuordnen können, weil es beim ersten Mal doch viel zu schnell ging, fragen Sie nach!

Dann "verteilen Sie Rapporte". Verwenden Sie aber bitte nicht die Worte "du stehst hier mit S9" oder ähnliche Redewendungen, wie man diese beim CB-Funk hört. Es "steht" niemand, sondern man hört den anderen gut, weniger gut, mit Rauschen und so weiter. Verwenden Sie in solchen Direktgesprächen möglichst wenige Abkürzungen oder Q-Gruppen, wenn man dies auch mit normalen Worten ausdrücken kann. Stellen Sie kurz Ihre Funkstation vor (zum Beispiel "Ich verwende hier einen 10-Watt-Sender an einer Groundplane) und sagen Sie, in welchem Ortsteil der Stadt Sie wohnen, damit die anderen einschätzen können, ob Sie für die Entfernung gut oder weniger gut ankommen.

Zur Verabschiedung bedankt man sich für die Unterhaltung und fragt vielleicht noch, ob man sich morgen eventuell mal wieder in dieser netten Runde melden darf und sagt nicht etwa "danke fürs QSO mit vielen 73,

55 und sonstigen Zahlen". Sprechen Sie ganz natürlich wie mit anderen guten Bekannten.

Die Abkürzungen sind für den Telegrafiefunkverkehr erfunden worden. Eventuell kann man einige Abkürzungen noch beim digitalen Funkverkehr mittels Tastatur verwenden, um nicht so lange Wörter schreiben zu müssen. Der "CB-Funk-Slang" ist beim Amateurfunk verpönt.

Prüfungsfrage BC105
Sollen Sie im Telefoniefunkverkehr Abkürzungen aus dem Q-Schlüssel oder aus den anderen Abkürzungen im Funkverkehr verwenden?

Relaisfunkbetrieb

Um auch für den Funkamateur in Tallagen von gebirgigem Gelände Möglichkeiten des UKW-Funkverkehrs zu schaffen, sind zuerst in der Schweiz in der Mitte der sechziger Jahre die ersten FM-Relaisfunkstellen in Europa entstanden. Seit den siebziger Jahren gibt es die „Relais“ auch in Deutschland.

FM-Relaisfunkstellen, kurz „Relais“ genannt, sind Umsetzerstationen, die üblicherweise auf exponierten Standorten stehen und das empfangene Signal auf einer anderen Frequenz im gleichen Band wieder abstrahlen.

Die FM-Relais sollen einerseits die Standortnachteile ausgleichen, die ein Funkamateur in einer Tallage hat, andererseits aber auch Mobilbetrieb über größere Distanzen ermöglichen.

Da jeweils nur ein Funkamateur über ein Relais sprechen kann, erfordert dieser Funkbetrieb besondere Disziplin und besonders kurze Durchgänge, da Mobilstationen bei der Fahrt schnell wieder aus dem Einzugsbereich der Relaisfunkstelle gelangen können.

Die Relaisfunkstellen werden meist von privaten Funkamateurarbeitsgemeinschaften betrieben und von den Ortsverbänden der Amateur-Radio-Clubs unterstützt. Die Funkamateure einer solchen Relaisarbeitsgemeinschaft klären das Vorhaben mit dem örtlich zuständigen Distrikts-UKW-Referenten, um Überschneidungen und damit gegenseitige Störungen zu vermeiden.

Im **2-m-Band** liegen die Ansprechfrequenzen der Relais (Eingabe), also die eigene Sendefrequenz, zwischen 145,000 MHz bis 145,1875 im 12,5-kHz-Raster. Die Sendefrequenzen der Relais (Ausgabefrequenzen), liegen 600 kHz höher.

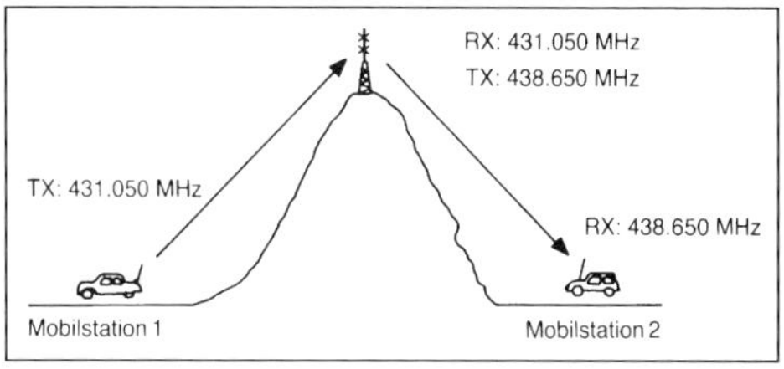

Funkbetrieb über Relais

Im **70-cm-Band** liegen die Eingabefrequenzen der Relais zwischen 431,050 MHz bis 431,825 MHz. Die Senderfrequenzen der Relais (Ausgabe) liegen jeweils 7,6 MHz oberhalb. Siehe Lektion 5: Bandpläne!

Im **23-cm-Band** liegen die Senderfrequenzen der Relaisfunkstellen zwischen 1258,150 MHz bis 1259,350 MHz. Die Empfangsfrequenzen (Eingabe), also die Senderfrequenzen der Funkamateure, liegen jeweils 35 MHz höher.

Prüfungsfrage BD123
Welche Ein-/Ausgabefrequenzen im 70-cm-Band stehen für FM-Relais-Funkbetrieb zur Verfügung?

Die Relaisfunkstellen werden üblicherweise mit einem 1750-Hz-Ton (gelegentlich mit „Burst" bezeichnet) aufgetastet. Es meldet sich das Relais mit seiner Kennung entweder im Morsecode oder auch mit einer Sprechfunkkennung. Dann ist die Station maximal zwei Minuten sende- und empfangsbereit für einen „Durchgang". Manche Relais besitzen eine automatische Sprechzeitbegrenzung. Nach Wegschalten des Trägers erfolgt ein „Roger-Piep", der dem Funkpartner das Signal zum Antworten gibt.

Troposphärische Überreichweiten (Tropo DX)

In der Troposphäre (das ist die Schicht, in der das normale Wetter stattfindet) nimmt normalerweise die Temperatur mit zunehmender Höhe gleichmäßig ab. Durch meteorologische Vorgänge kann jedoch die Temperaturänderung gelegentlich sprunghaft erfolgen. Dabei schieben sich wärmere Luftmassen zwischen oder über kältere Luftschichten, so dass sogar Temperaturumkehrungen (Inversionen) auftreten können.

Da sich Ultrakurzwellen wie Licht verhalten, werden sie beim Übergang von einem dichteren (kalte Luft) zu einem dünneren Medium (warme Luft) gebrochen. Sie erfahren eine Krümmung zur Erdoberfläche hin, was zu einer enormen Vergrößerung der Reichweite führt. An Wolkengrenzen kann ein Teil der Wärmestrahlung reflektiert werden, wodurch die Temperatur absinkt (Höheninversion). Oder beim Absinken erwärmen sich durch den steigenden Druck die Luftmassen (Absinkinversion) und überlagern sich kälteren bodennahen Schichten. Wenn sich horizontal bewegte Luftmassen über kältere Luftmassen schichten, spricht man von Advektionsinversion.

Solche Inversionen führen dazu, dass auf den Bändern 2-m, 70-cm und 23-cm Reichweiten bis 1000 km erreicht werden. Diese Inversionen wandern im Laufe des Tages. So kann es sein, dass man beispielsweise von Westdeutschland zunächst Stationen aus Polen, später aus Schweden oder Norwegen erreichen kann. Dieses sind regelrechte Glücksmomente für einen „UKW-DXer", der wochenlang darauf wartet, dass es mal wieder solche Überreichweiten gibt. Sie treten vorwiegend im Frühherbst auf.

Weil viele Funkamateure diese besonderen Überreichweiten ausnutzen möchten und die weit entfernten Stationen erreichen wollen, unterscheidet sich die Betriebstechnik gegenüber den normalen Funkverbindungen. Es werden nur Rapport, Locator und eventuell Name ausgetauscht, damit möglichst viele Funkverbindungen in der kurzen Zeit der Öffnung getätigt werden können. Auch hierbei kann es wie bei Kurzwelle zu „Pile-ups" kommen. Halten Sie Ihren Anruft kurz. Nennen Sie nur Ihr Rufzeichen ein- oder zweimal und hören Sie wieder hinein.

In den Zeiten solcher Überreichweiten wird die Anruffrequenz 144,300 MHz häufig von den DX-Stationen genutzt, um sich zu melden. Dort selbst „stundenlang" CQ zu rufen ist nicht angebracht, weil viele Funkamateure diese Frequenz abhören und auf DX-Stationen warten. Rufen Sie lieber mindestens zehn oder zwanzig Kilohertz oberhalb oder unterhalb der Anruffrequenz CQ. OM mit DO-Lizenz und zugelassener Leistung von 10 Watt EIRP - also beispielsweise ein Watt Senderleistung an einer 9-Element-Yagi - kann man nicht sehr weit kommen. DX-Funkverkehr ist also kaum möglich. Manchmal aber gibt es super gute Ausbreitungsbedingungen, dass man auch mit solch kleinen Leistungen sehr weit kommen kann.

Selber CQ rufen ist mit solch kleiner Leistung selten erfolgreich, es sei denn, man hat eine ganz besondere Lage, nämlich einen sehr hohen Standort auf einem Berg oder Turm. Dann kann man sich in der Nähe der Anruffrequenz eine leere Frequenz suchen und CQ rufen. Bevor man mit Rufen beginnt, muss man erst sehr sicher sein, dass nicht ein anderer Funkamateur bereits diese Frequenz benutzt. Man hört zunächst einige Minuten hinein, wobei man seine Antenne auch mehrmals hin und her dreht. Dann fragt man als nächstes "Ist diese Frequenz besetzt" oder in Englisch: "Is this frequency in use?". Meldet sich wieder niemand, kann man einen ersten CQ-Ruf starten.

"CQ CQ CQ von DO1ABC - Delta Oscar 1 Alfa Bravo Charly in JO30BR". Natürlich verwenden Sie Ihr Rufzeichen und Ihren Locator! Ich verwende hier DO1ABC nur als Beispiel. Auf 2-Meter oder 70-Zentimeter sollte man bei einem allgemeinen Anruf immer seinen Locator dazu nennen, damit der andere seine Antenne gleich richtig ausrichten kann.

Rufen Sie mindestens dreimal CQ wie eben beschrieben und gehen Sie dann auf Empfang. Das Ganze machen Sie mindestens dreimal mit gleicher Antennenrichtung und drehen Sie dann die Antenne zwanzig oder dreißig Grad und rufen Sie erneut mehrfach CQ. Wenn Sie sicher sind, dass die Anruffrequenz 144,300 MHz nicht in Gebrauch ist, können Sie auch dort CQ rufen. Auf dieser Frequenz haben etliche Funkamateure ihren Empfänger durchgehend laufen. Dort ist die Chance größer, dass Sie gehört werden. Sobald sich eine Station auf Ihren Anruf hin meldet, müssen Sie von der Anruffrequenz 144,300 MHz Frequenzwechsel (QSY) vorschlagen.

Hören Sie schon vorher eine andere Frequenz ab, damit Sie nicht "blind" eine Frequenz nehmen, auf der schon eine andere Verbindung läuft. Wählen Sie möglichst als Ausweichfrequenz eine solche, die ziemlich weit weg liegt von der Anruffrequenz, beispielsweise 144,340 MHz oder 144,260 MHz. Da viele OM fälschlicherweise einfach nur 10 kHz Frequenzwechsel machen, ist die Wahrscheinlichkeit groß, dass dort schon eine andere Verbindung besteht. Gehen Sie wieder zurück auf die Anruffrequenz und nennen Sie eine andere Ausweichfrequenz.

Wenn Sie als DO-Station nur eine Station mit 10 Watt EIRP verwenden können, sollten Sie dies während der Funkverbindung auch erwähnen und um eine QSL-Karte bitten. QSL-Karten werden über den Deutschen Amateur-Radio-Club (D.A.R.C.) kostenlos ausgetauscht. Allerdings muss man während der Funkverbindung fragen, ob ein Austausch "über das Büro" erwünscht ist.

Prüfungsfrage BI302
Was bedeutet die Abkürzung "EIRP"?
a) Äquivalente isotrope Strahlungsleistung.
b) Äquivalente isolierte Strahlungsleistung.
c) Europäisches internationales Radioprojekt.
d) Internationales Rundfunkprojekt.

Antwort a ist richtig.

Eine ausführliche Erläuterung des Begriffs EIRP finden Sie unter Antennentechnik im Technik-Teil des Amateurfunklehrgangs zur Klasse 1 und 2. Dort findet man auch die Erklärung für den Unterschied zwischen ERP und EIRP.

nach Süd- oder Südosteuropa bis Nordafrika ermöglichen. Sehr häufig werden Bulgarien, Griechenland, Sizilien oder Südspanien erreicht.

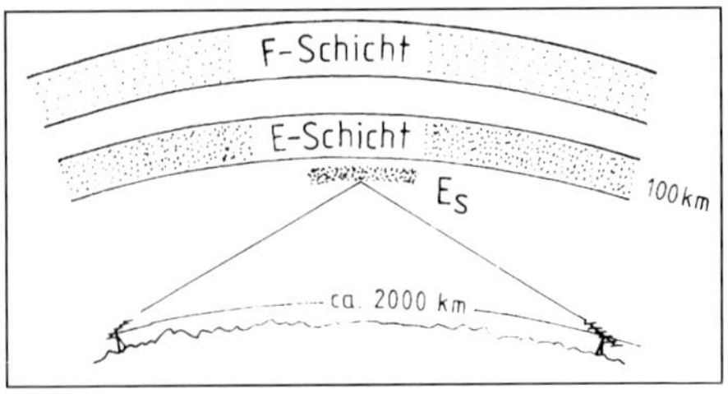

Sporadic-E Ausbreitung

Erfahrungen zeigen, dass bei E_S -Öffnungen nur Funkamateure in einem eng begrenzten Raum an diesen Möglichkeiten des UKW-DX-Funkverkehrs beteiligt sind. Es kann vorkommen, dass Funkamateure in zwanzig Kilometer Entfernung nichts von einer solchen Öffnung mitbekommen oder die Gegenstationen nur sehr schwach hören, während ihre Nachbarn mit Handfunksprechgeräten und Sendeleistungen unter fünf Watt 2000 km Entfernung überbrücken. Manchmal ist das Maximum des Empfangs einer Station nur zwei bis fünf Minuten lang möglich, manchmal mehr als dreißig Minuten.

Daraus ergibt sich wiederum eine besondere Betriebstechnik, nämlich die Funkverbindungen extrem kurz zu halten. Nur Rapport (meistens 59) und Locator werden übermittelt. Fragen nach Namen oder QSL-Karte werden schon als „unhöflich“ angesehen.

Man sollte auf einer Frequenz, wo viele Stationen rufen solange zuhören, bis die DX-Station plötzlich Feldstärken über S9 erreicht und dann erst anrufen. Alles andere macht nur QRM und verlängert die Zeit für jede Verbindung und vermindert dadurch die Chancen für Sie selbst und viele andere.

Meteorscatter (MS)

Wenn die Erde auf ihrer Umlaufbahn um die Sonne hin und wieder Bahnen von Meteoritenströmen streift, hinterlassen deren Teilchen, die in die Atmosphäre eintauchen, ionisierte „Wolken“. Die Lebensdauer einer solchen in 100 km Höhe befindlichen Ionenwolke beträgt nur Sekundenbruchteile (Ping) bis wenige Sekunden (Burst), in seltenen Fällen bei größeren Meteoritenschauern bis zu mehreren Minuten. Durch Reflexion an solchen ionisierten Wolken lassen sich im VHF-Bereich Entfernungen zwischen 800 und 2500 km überbrücken. Aus der kurzen Dauer solcher Reflexionen resultiert eine spezielle Betriebstechnik.

Bei „MS-High-Speed-Telegrafie“ wird mit Morsetempi von mehr als 1000 Buchstaben pro Minute gearbeitet. Die empfangenen Signale werden im Computer gespeichert und in der Empfangsperiode mit normaler Geschwindigkeit ausgelesen.

High-Speed-Telegrafie für Meteorscatter ist inzwischen durch die digitale Betriebsart FSK441 verdrängt worden. Dazu finden Sie mehr in der Lektion 8 über „Digimodes“.

Bei Meteorscatter-Telefonie (SSB) wird ziemlich schnell gesprochen. Wenn Sie einmal besonders auf der MS-Anruf-Frequenz 144,200 MHz solche unverständlich erscheinenden Aussendungen hören, wobei mehrere Funkamateure zugleich sprechen und dann ganz plötzlich wieder still sind, beobachten Sie diesen Funkbetrieb zunächst eine Weile, bis Sie sich selbst einschalten. Es werden nämlich im genauen Minutentakt abwechselnd nur die beiden Rufzeichen und der spezielle Rapport in einer Art „High-Speed-Telefonie“ gesprochen. Mehr zu Meteorscatter unter http://www.amateurfunklehrgang.de.

EME

Bei der Erde-Mond-Erde-Technik (EME) wird die Mondoberfläche als Reflektor für VHF und UHF im 2-m-Band und im 70-cm-Band ausgenutzt. Die Schwierigkeit besteht darin, eine sehr hohe Strahlungsleistung zu erzeugen und diese gesamte Antennenenergie genau auf den Mond zu richten, denn von der Erde aus gesehen, bedeckt der Mond nur etwa 0,5° des Himmelskörpers.

Die vom Mond reflektierte Strahlung beträgt nur etwa 10 % und erfolgt völlig diffus. Vom Mond aus gesehen bedeckt die Erde wiederum nur etwa 2°, so dass nur ein sehr geringer Bruchteil der HF-Energie zur Erde zurückkommt.

Deshalb wurden häufig vier, acht oder gar sechzehn Langyagi-Antennen mit hohem Gewinn, zu einer Gruppe zusammengeschaltet und ergaben riesige Gebilde.

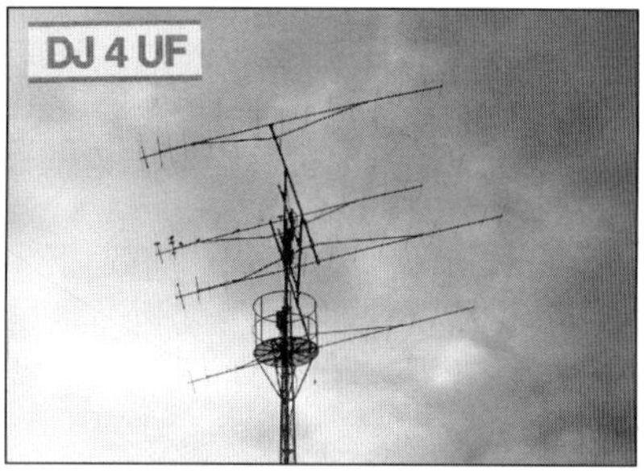

EME-Antenne 4x17 Elemente

Inzwischen haben auch beim UKW-DX, also auch bei EME, digitale Übertragungstechniken Einzug gehalten, wodurch man die Empfindlichkeit um mehr als 20 dB steigern konnte. 20 dB entsprechen einem Hundertstel der Leistung, also benötigt man bei „Digital-EME“ nur ein Hundertstel der Strahlungsleistung wie bei Morsetelegrafie, aber zirka 200 Watt und eine 17-Element-Antenne sollten es schon sein.

ARTOB

Eine Möglichkeit, die unter normalen Ausbreitungsbedingungen zu erzielenden Reichweiten zu vergrößern, bietet die Verwendung von aktiven Umsetzern, die sich möglichst hoch über dem Erdboden befinden. In unseren Breiten sind besonders die Ballonflüge des ARTOB-Programms (amateur radio transponder on baloon) bekannt.

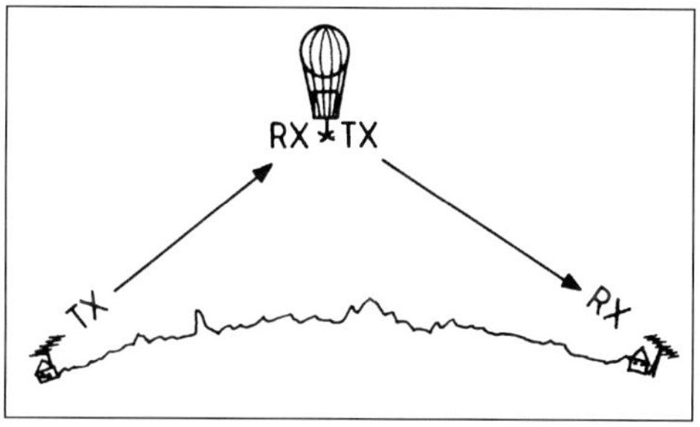

Amateur Radio Transponder On Baloon

Im Prinzip werden hierbei Transponder (Umsetzer) mittels Ballon auf Höhen bis 30 km gebracht, die die Signale vom Empfangskanal in einen Sendekanal umsetzen und wieder abstrahlen. Auch hier gilt für die Betriebstechnik: Halten Sie die Gesprächsdauer kurz! ARTOB-Starts werden auf der Homepage vom AATiS e.V. (Arbeitskreis Amateurfunk und Telekommunikation in der Schule) www.aatis.de und natürlich auch beim DARC www.darc.de bekannt gegeben.

Transponder

Transponder sind Relaisfunkstellen entweder für besonders große Reichweiten in dünn besiedelten Gebieten oder auf Satelliten oder Ballons, die in den Betriebsarten SSB, FM oder CW angesprochen werden oder für Betriebsarten wie beispielsweise Funkfernschreiben (RTTY), Bildübertragung (SSTV) oder Amateurfunkfernsehen (ATV) dienen.

Diese Transponder arbeiten meistens als Linearumsetzer auf zwei verschiedenen Bändern oder auf sehr weit auseinander liegenden Frequenzen, damit möglichst wenig Beeinflussung des Empfangssignals durch den Sender hervorgerufen wird, da sie normalerweise duplex arbeiten. Beispielsweise sendet man im 23-cm-Band und empfängt im 70-cm-Band.

Linearumsetzer heißt, dass mehrere Stationen gleichzeitig auf nebeneinander liegenden Frequenzen empfangen werden und das gesamte Frequenzband umgesetzt wird und diese Stationen auf einem anderen Band verstärkt ausgesendet werden.

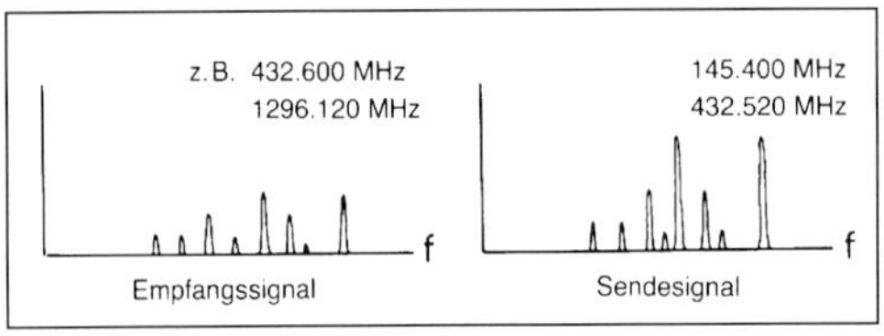

Linear-Transponder

Bei Lineartransponderbetrieb ist es wichtig, dass keine Station einen besonders hohen Pegel aufweist, denn die Senderregelung richtet sich nach der stärksten empfangenen Station. Automatisch würden dann alle anderen Signale mit heruntergeregelt. Es muss also Rücksicht genommen werden und mit so wenig Leistung wie möglich gearbeitet werden.

Neuere Transponder arbeiten mit einer speziellen Technik, um die stärksten Stationen (Krokodile) ausfindig zu machen und diesen durch ein Signal mitzuteilen, dass sie die Strahlungsleistung reduzieren sollen. Andernfalls werden diese Stationen durch ein Notchfilter ausgefiltert und können nicht mehr empfangen werden.

Satellitenfunkbetrieb

Bereits kurz nach dem Start des ersten amerikanischen Satelliten Explorer 1 im Jahr 1958 machte sich eine Gruppe amerikanischer Funkamateure daran, einen eigenen Amateurfunksatelliten ins Orbit zu bringen: die OSCAR-Association. OSCAR steht für „Orbital Satellite Carrying Amateur Radio“, also ein Satellit, der Amateurfunk an Bord mitführt.

Prüfungsfrage BD128
Was versteht man unter dem Transponder eines "OSCAR" und wie arbeitet er?

Antwort: Ein OSCAR Transponder ist ein Umsetzer an Bord eines Amateurfunksatelliten, der die aufgenommenen Signale in einen anderen Frequenzbereich umsetzt und wieder zur Erde sendet.

Dieser OSCAR 1 wurde im Dezember 1961 zusammen mit Discoverer 36 gestartet und auf eine relativ niedrige, elliptische Umlaufbahn gebracht. Er umkreiste in einer Höhe zwischen 250 km und 500 km die Erde und strahlte mit seinem 100-Milliwatt-Sender eine Kennung im 2-m-Band ab. Obwohl damals nur wenig Funkbetrieb im 2-m-Band gemacht wurde, ermutigte die große Zahl der Beobachtungen die OSCAR-Gruppe, weitere Satelliten zu bauen.

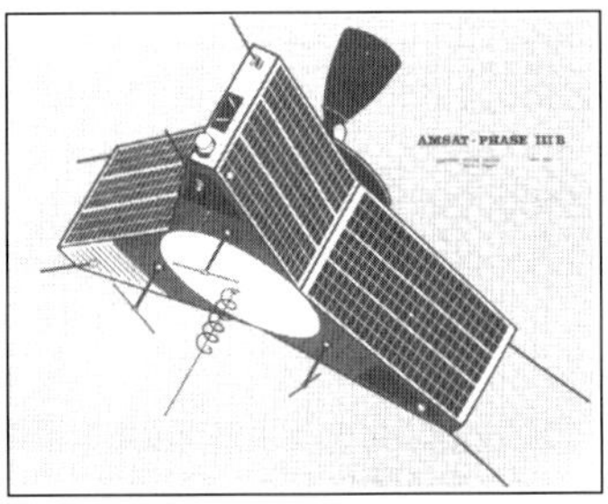

Amateurfunksatellit OSCAR 10

Viele Amateurfunksatelliten wurden gebaut. Mit dem Start von OSCAR 10 im Jahr 1983 begann die Phase 3 des Amateurfunksatelliten-Programms mit den hochfliegenden Satelliten. OSCAR 10 hatte im Apogäum (erdenfernster Punkt) eine Höhe von etwa 35 000 km. Von dort konnte er fast 50 % der Erdoberfläche bestrahlen. Es wurden Reichweiten über Kontinente hinweg möglich.

Mit Oscar 13 begann die Phase 3 D. Dabei wird die Originalumlaufbahn durch ein eingebautes Triebwerk so verändert, dass der erdfernste Punkt mehr über der nördlichen Erdhalbkugel liegt. Dadurch ist in der Hauptbetriebszeit bei den Nutzern in Nordamerika, Europa und Japan jeweils morgens und abends der Satellit im Apogäum (weiteste Entfernung von der Erde) und ermöglicht es, mit einer feststehenden Antenne zu arbeiten.

Für den Funkbetrieb über einen Satelliten ist es gut, wenn man eine Antenne hat, die sich bis senkrecht nach oben verstellen lässt. Diesen Winkel nach oben nennt man „Elevation". Und natürlich muss die Antenne auch in horizontaler Richtung gedreht werden können. Diese Kompassrichtung nennt man „Azimut". Zur Antenneneinstellung mit aktueller Berechnung von Azimut und Elevation gibt es viele Computerprogramme.

Die nächste Phase für einen Satelliten wäre die geostationäre Anordnung. Geostationär bedeutet, dass der Satellit immer an derselben Stelle im Orbit steht. Das geht nur, wenn der Satellit in einer Höhe von rund 36 000 Kilometer über dem Äquator abgesetzt wird, dort, wo auch die Fernsehsatelliten stehen. Bisher werden keine stationären Amateurfunksatelliten geplant, weil nur ein Teil der Funkamateure diesen Satelliten empfangen könnte. Amateurfunk soll aber immer international sein.

Prüfungsfrage BD127
Ist die Annahme richtig, dass man in den Satellitenbereichen z.B. des 2-m- oder 70-cm-Bandes mit einem Handfunkgerät lokalen Funkverkehr in F3E abwickeln kann, weil die Reichweite zu gering ist, um einen Satelliten zu stören?

Antwort: Nein, weil besonders die niedrig fliegenden Amateurfunksatelliten wegen der hindernisfreien direkten "Sichtverbindung" sehr stark gestört würden.

Die Satelliten arbeiten in den verschiedensten Modi. Bei manchen Satelliten sendet man im 70-cm-Band nach „oben" (Uplink) und empfängt im 2-m-Band (Downlink). Andere Satelliten nutzen das 23-cm-Band für den Uplink und das 70-cm-Band für den Downlink. Welche Satelliten derzeit in welchem Modus aktiv sind, erfahren Sie aktuell im Internet unter www.amsat.de.

Prüfungsfrage BC135
Die Begriffe 1) OSCAR, 2) Uplink, 3) Downlink, 4) Azimut/Elevation bedeuten in der angegebenen Reihenfolge ...

Lösung: 1) Umlaufender Satellit, der Amateurfunktechnik beinhaltet, 2) Senderichtung von der Erde zum Satelliten, 3) Senderichtung vom Satelliten zur Erde, 4) Horizontale / vertikale Winkelangaben der Antenne

Prüfungsfrage BD117
In welchen Bereichen des 2-m- und 70-cm-Bandes arbeiten Amateurfunksatelliten?

Antwort: Im 2-m-Band auf 145,800 bis 146,000 MHz, im 70-cm-Band auf 435,000 bis 438,000 MHz (siehe Lektion 5!).

Lektion 8: Digitale Betriebsarten

Immer mehr setzen sich auch im Amateurfunk die digitalen Übertragungsarten (Digimodes) durch. Zu diesen Digimodes gehören RTTY, Packet Radio, Pactor, Amtor und auch WSJT-Meteorscatter.

Prüfungsfrage BI401
Welche Betriebsart(en) schließt der Begriff "Digimode" ein?

Antwort aus dem Fragenkatalog: Pactor, Amtor, Packet Radio, PSK31, RTTY.

Funkfernschreib-Telegrafie (RTTY)

Für die funktechnische Übertragung von Informationen in Schriftform verwendet man auf der Sendeseite normalerweise eine Tastatur, auf der Empfängerseite einen Bildschirm oder Drucker. Früher hat man elektromechanische Fernschreiber verwendet, bei denen durch Drücken eines Tastenhebels fünf Kontakte betätigt wurden. Man sagt, RTTY hat einen 5-Bit-Code. Erläuterungen zur Technik von RTTY finden Sie in der Lektion 15 im Teil Technik des Amateurfunklehrgangs.

Für die digitale Funkübertragung hat man die 32 Zeichen der Tastatur in 32 verschiedene 5-Bit-Zeichen aus 0 und 1 gewandelt (kodiert). Die beiden Zustände 0 und 1 werden in Form von zwei Frequenzen übertragen. Die höhere Frequenz nennt man „Mark" und die niedrigere „Space". Sie liegen um die „Shift" auseinander. Auf Kurzwelle beträgt der Frequenzunterschied (Shift) 170 Hertz. Bei UKW beträgt die Shift 850 Hertz.

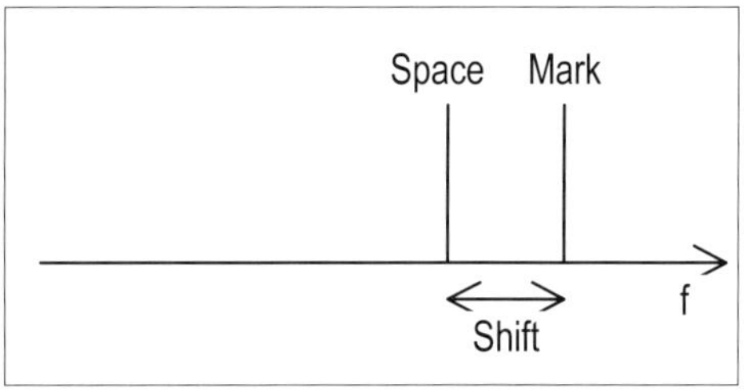

Mark, Space und Shift bei Kurzwelle

Packet Radio

Packet Radio (PR) ist ein Funkübertragungsverfahren für Texte, das man mit Funkfernschreiben (RTTY) vergleichen kann. Jedoch bietet es gegenüber RTTY etliche Vorteile. Die Übertragungsgeschwindigkeit ist um ein Vielfaches höher; es wird mit Fehlerkorrektur gearbeitet; es können mehrere Stationen auf einer Frequenz arbeiten; es gibt viele Zwischenstationen (Digipeater) und es gibt Speicher (Mailboxen) für Nachrichten.

Packet Radio heißt übersetzt Paketfunk. Es werden tatsächlich die zu übertragenden Daten in Form von kleinen Datenpaketen vom Sender zum Empfänger und weiter als Pakete im Verbindungsnetz übertragen. Jedes Datenpaket (packet) enthält die Zieladresse. Am Ziel werden die Pakete wieder zum Gesamttext zusammengesetzt.

Der Grund ist der: Man spart Übertragungsstrecken für viele gleichzeitig stattfindenden Verbindungen. Weil niemand so schnell schreiben kann, wie die Datenpakete versendet werden, entstehen lange Leerzeiten, in denen Daten von anderen Stationen übertragen werden können.

Ein Problem beim dieser Übertragungsart ist die Vermeidung von Kollisionen von Datenpaketen. Grundsätzlich wird zunächst geprüft, ob die Frequenz frei ist und dann nach Ablauf einer kurzen Zeit gesendet. Wenn jedoch mehrere Teilnehmer nach dem Ablauf dieser Zeit gleichzeitig zu senden beginnen, gibt es natürlich Störungen.

In der kommerziellen Technik macht man es so, dass zum Beispiel diese Wartezeit nach einem Zufallsprinzip verändert wird und beim nächsten Mal die Station mit der kürzesten Wartezeit zuerst sendet und die anderen den Kanal als besetzt vorfinden und nicht senden.

Im Amateurfunk in Deutschland hat sich bei 1K2-Digipeatern (1200 Baud) ein System durchgesetzt, das DAMA (Demand Assigned Multiple Access) genannt wird. Beim DAMA-System werden nacheinander die angeschlossenen Stationen gefragt, ob sie Daten senden möchten. Obwohl durch diese Abfrage viel Zeit vergeht, kann die Übertragung insgesamt schneller werden, weil es nicht mehr zu Kollisionen kommt und dadurch eine Datenwiederholung vermieden wird.

Prüfungsfrage BJ103
Was ist "DAMA"?

Antwort im Fragenkatalog: Kontrollverfahren bei Digipeatern zur Verhinderung von Kollisionen.

Digipeater (digital repeater, kurz Digi) sind Relaisfunkstellen für digitale Funksignale. Sie sind weltweit miteinander verbunden. Man kann Nachrichten von seinem eigenen Computer ausgehend weltweit versenden. Dabei werden die Informationen in einem großen Netz von einem zum nächsten Digipeater automatisch weitergereicht.

Prüfungsfrage BJ104
Wozu dient ein "Auto-Router" im PR-Betrieb?

Antwort: Zur automatischen Verbindung zu einem Zielrufzeichen.

Ferner gibt es Digipeater mit Speicherstellen, so genannten Mailboxen, in denen Nachrichten abgespeichert werden, bis sie vom Empfänger abgerufen werden. Dabei verbindet (Connect) man sich zunächst mit dem Digipeater und kann sich dann von dort aus zur nächsten Mailbox über den Befehl „m" verbinden. Dort schreibt man die Mail, gibt als Adresse das Zielrufzeichen ein und dann wird die Mail durch ein automatisches

arbeiten normalerweise im Halbduplexbetrieb, das heißt, sie empfangen abwechselnd auf einer Frequenz (Ausgabe des Digis) und senden auf einer anderen (Eingabe). In anderen Ländern gibt es noch Simplex-Digipeater.

Aufgabe
Ein Duplex-Digipeater wird auf 438,325 MHz empfangen. Auf welcher Frequenz muss der Funkamateur senden?

Die Lösung finden Sie sicher allein heraus! Sie brauchen nur 7,6 MHz von 438,325 MHz abzuziehen.

Prüfungsfrage BD125
Welche Ein-/Ausgabefrequenzen im 70-cm-Band stehen für Packet-Radio-Duplex-Digipeaterbetrieb (7,6 MHz Shift) zur Verfügung?

Antwort aus dem Fragenkatalog:

Eingabefrequenz	Ausgabefrequenz
430,700-430,925 MHz	438,300-438,525 MHz

Siehe Lektion 5!

Zum Senden muss man vom Modem eine elektrische Verbindung zum Modulator (Mikrofoneingang) und zur Sende-Empfangsumschaltung (PTT) herstellen. Dabei wird einfach der PTT-Anschluss des Modems (TNC) über einen Widerstand mit dem Mikrofoneingang verbunden, wie folgendes Anschlussschema zeigt. Diese Anschlussbelegung wird von fast allen Herstellern verwendet.

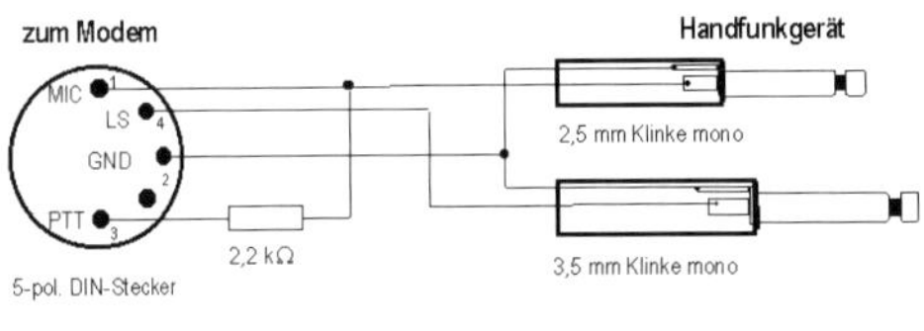

Verbindung Modem - Transceiver

Ferner muss die Software installiert werden. Es gibt Programme, die im Betriebssystem DOS laufen oder solche, die unter Windows oder unter Linux arbeiten. Das Programm wird zunächst nach Anweisung installiert. Dann muss das Programm konfiguriert werden. Es werden nach Programmanweisung zumindest die verwendete Schnittstelle (COM 1, COM 2 ...) und das eigene Rufzeichen eingetragen.

Häufig muss auch noch die verwendete Baudrate zwischen Computer und TNC angegeben werden. Dies muss nicht zwangsläufig die gleiche Baudrate sein, die der Sender zum Digipeater verwendet. Meist stellt man die Baudrate zum TNC doppelt so hoch ein wie die des Senders, also bei 9600 Bd (9K6) Digipeater-Baudrate wählt man 19 200 Bd oder höher zum TNC.

Sehr wichtig ist noch die Einstellung der Schaltzeit für die PTT des Senders (TX-Delay). Es ist dies die Zeit zwischen der Schaltfunktion der PTT und dem Aussenden der Daten. Je nach Sender werden Zeiten zwischen 150 und 250 Millisekunden benötigt.

So genannte Datentransceiver haben extrem kurze Umschaltzeiten von weniger als 50 ms. Die Zeit soll so kurz wie möglich eingestellt werden, um nicht wertvolle Übertragungszeiten zu verschwenden, denn die Datenpakete selbst sind oft auch nur im Millisekundenbereich. Allerdings dürfen keine Daten verloren gehen.

Also: TX-Delay so kurz wie möglich aber so lang wie nötig.

Prüfungsfrage BJ107
Warum soll das "TX-Delay" bei PR-Betrieb so kurz wie möglich sein?

Antwort: Um die Frequenz möglichst ökonomisch zu nutzen.

Wie Sie nun einen Connect zum Digipeater aufbauen, eine Mailbox connecten oder Datenfiles übertragen, wurde bereits im Lehrgang zur Klasse 3 ausführlich erläutert. Dazu gibt es keine Fragen mehr in der Prüfung zur Klasse 1 und 2. Sie können es im Internet nachlesen unter www.amateurfunklehrgang.de, Funktechnik, Packet Radio oder unter www.amateurfunkpruefung.de, Lektion 19.

APRS

APRS ist die Abkürzung aus dem amerikanischen "Automated Position Reporting System". Es arbeitet nach dem Prinzip von Packet Radio, nämlich kurze Datenpakete auf einer Frequenz auszusenden. Allerdings werden keine Zweiwegverbindungen aufgebaut, sondern die Datenpakete nur in eine Richtung (Simplex) nach einem interessanten Verteilerprinzip verbreitet.

Prüfungsfrage BJ111
Was bedeutet die Abkürzung APRS?

Antwort: Automatisches Positionsmeldesystem.

Jede teilnehmende Station kann gleichzeitig auch Digipeater (Relais) sein. Auf diese Art und Weise können Daten, wie zum Beispiel Wetterdaten, Positionsmeldungen und andere Messwerte an eine große Gruppe von Empfängerstationen weiter vermittelt werden.

Mehr zu APRS auf der Homepage unter www.amateurfunklehrgang.de im Bereich "Funktechnik".

PSK31

PSK31 ist ein Textübertragungsverfahren in Phase Shift Keying (PSK), das 1999 von dem Funkamateur G3LPX vorgestellt wurde. Es arbeitet mit einer Bitrate von 31,25 Bit/s. Die Bandbreite bei PSK ist ungefähr gleich der Bitrate pro Sekunde ist. Also benötigt PSK31 auch nur 31 Hz Bandbreite. Im Vergleich zu Telegrafie benötigt man nur ein Zehntel der Bandbreite.

Stellt man die Filter bei Empfang auf diese geringe Bandbreite ein, erhält man einen Systemgewinn von 10 dB oder einem Leistungsfaktor zehn. Dies bedeutet, dass man nur ein Zehntel der Leistung benötigt, um den gleichen Signal-Stör-Abstand wie bei CW zu bekommen. Tatsächlich zeigt es sich auch in der Praxis. Man kann mit Leistungen um zehn Watt weltweiten Funkverkehr in PSK31 machen.

Die Betriebsart PSK31 wird praktisch allein mit einem (kostenlosen) Computerprogramm durchgeführt. Die Soundkarte im Computer dient zur Erzeugung der Töne auf der Senderseite und zur Dekodierung werden das Programm und die Soundkarte als schmalbandiges NF-Filter verwendet. Man benötigt also kein Modem. Mehr zu PSK31 finden Sie im Buch Technik in der Lektion 15 und auch auf meiner Homepage unter www.amateurfunklehrgang.de oder unter www.psk31.de.

Prüfungsfrage TE323
Welches digitale Übertragungsverfahren hat die geringste Bandbreite?
a) PSK31 b) RTTY c) Pactor d) Amtor

Lösung: a. Siehe auch TE327! Bandbreiteberechnungen für FSK, AFSK und PSK wurden im Technikteil des Amateurfunklehrgangs durchgeführt.

FSK441 Meteorscatter

Nachdem sich PSK31 auf Kurzwelle als hervorragende Betriebsart durchgesetzt hat, war es nur eine Frage der Zeit, bis man auch ein vergleichbares Verfahren für die sonst übliche Morsetelegrafie in Meteorscatter gefunden hat. Joe Taylor, K1JT hat 2001 sein Meteorscatterprogramm **WSJT** vorgestellt, das sich weltweit sehr schnell durchgesetzt hat.

WSJT ist der Name eines Computerprogramms und steht für "Weak Signal communication by K1JT", also für Funkverbindung für schwache Signale von K1JT. WSJT benötigt keinerlei Hardware, sondern ist ein (kostenloses) Computerprogramm, das mit der Soundkarte arbeitet. Das Programm sendet Textinformationen in Vierton Frequenzumtastung (FSK) mit 441 Baud. Diese Übertragungsart wird FSK441 genannt. Jedes zu übertragende Zeichen besteht aus drei von den vier Tönen. Diese drei Töne werden nacheinander ausgesendet. Die Übertragungsgeschwindigkeit ist 147 Buchstaben pro Sekunde.

Wegen dieser hohen Übertragungsgeschwindigkeit eignet es sich für Meteorscatter, wobei kurze Ionisationen von zufälligen Meteoriten, so genannte "Pings", zur Reflexion in zirka 100 km Höhe über der Erde ausgenutzt werden. Bei 147 Zeichen pro Sekunde benötigt ein Zeichen sieben Millisekunden. Also drei aufeinander folgende Zeichen benötigen zwanzig Millisekunden. Kurze Pings von einer Zehntel Sekunde (100 Millisekunden) können also bereits Texte mit 15 Zeichen reflektieren.

Das FSK-Signal bei FSK441 (WSJT) hat eine Bandbreite wie ein normales SSB-Signal. Man benutzt den Frequenzbereich zwischen 144,360 bis 144,395 MHz im 2-m-Band. Die Frequenz 144,370 MHz ist die Anruffrequenz. Bei höherer Schauertätigkeit entsteht stören sich diese Stationen aber gegenseitig und es hat sich eingebürgert, nach dem CQ-Ruf Frequenzwechsel zu machen, wie man es auch in SSB auf der Anruffrequenz 144,300 MHz tut. Allerdings gibt man direkt beim CQ-Ruf die Ausweichfrequenz folgendermaßen an.

CQ.361 EA5/DJ4UF

bedeutet, dass EA5/DJ4UF zwar auf der Anruffrequenz CQ ruft, aber auf der Frequenz 144,361 MHz hört und dann, sobald er dort etwas hört, selbst dorthin QSY macht. Dadurch ist die Anruffrequenz für den Rest der Zeit einer Funkverbindung wieder frei. Allerdings können recht viele Stationen auf der Anruffrequenz CQ rufen, weil durch die verschiedenen Antennenrichtungen und Entfernungen andere Meteoriten für die Reflexion zuständig sind, die meist nicht zu gleicher Zeit eintreffen.

Bei einer Meteorscatter Funkverbindung werden nur die Rufzeichen und Rapporte sowie Grüße nach einem speziellen System ausgetauscht. Das komplette Verfahren sowie Tipps für besondere Meteoritenschauer und die Ausrüstung der Station finden Sie auf der Homepage www.amateurfunklehrgang.de im Bereich Funktechnik, Meteorscatter. Aus dem Bild unten können Sie die besten Jahreszeiten für Meteorscatter erkennen.

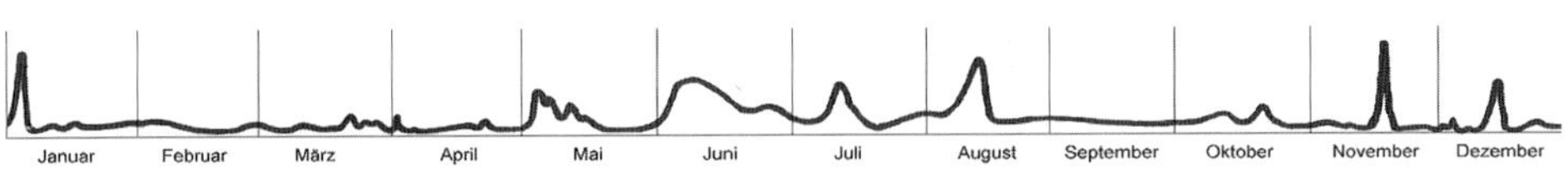

Relative Schauertätigkeit sporadischer Meteoriten im Laufe eines Jahres

AMTOR

AMTOR kommt von Amateur Microprocessor Teleprinting Over Radio und bedeutet Amateurfunk-Fernschreiben mit Hilfe eines Mikroprozessors. Es ist ein Verfahren mit hoher Übertragungssicherheit, da bei einer AMTOR-Verbindung die empfangende Station nach der Aussendung von drei Zeichen zur Quittierung des fehlerfreien Empfangs aufgefordert wird (ARQ, automatic repeat request). Beide Sender sind also immer wechselweise in Betrieb.

Das Prinzip der Übertragung von Fernschreibzeichen nach dem ARQ-Verfahren existiert im kommerziellen Seefunk unter dem Namen SITOR, SPECTOR oder MICROTOR und wurde für den Amateurfunk entsprechend abgewandelt.

Die Übertragung der Signale geschieht wie bei RTTY durch Frequenzumtastung mit den gleichen Tönen und gleicher Shift. Allerdings werden die Dreierblocks mit 100 Baud gesendet. Bei 100 Baud wird für ein Bit 1/100 Sekunde, also 10 Millisekunden benötigt. Ein 7-Bit-Zeichen benötigt 70 ms und für einen Dreierblock werden also 210 Millisekunden benötigt.

Die Dreierblocks werden in einem Abstand von 450 ms gesendet, so dass dem Sender eine Lücke von 240 ms verbleibt, sein Kontrollzeichen zu senden. Die Zeit für die Empfangs-Sende-Umschaltung muss also in dieser Betriebsart sehr kurz sein. Die Bandbreite beträgt 500 Hz. Die Berechnung dazu finden Sie wiederum im Teil Technik des Amateurfunklehrgangs. AMTOR wird mehr und mehr durch das neuere und bessere Verfahren PACTOR verdrängt.

Prüfungsfrage
Beantworten Sie die Frage **TE323**.

PACTOR

PACTOR kommt von Packet Teleprinting Over Radio und bedeutet Fernschreiben mit Hilfe eines Mikroprozessors in "Paketform" - ähnlich Packet Radio.

PACTOR ist ein von DF4KV und DL6MAA weiterentwickeltes Verfahren von Amtor. Amtor wurde für die reine Textübertragung entwickelt. Es gibt nur einen beschränkten Zeichenvorrat. Sollen Daten übertragen werden, müssen mindestens acht Bit übertragbar sein. Dann entfällt aber der typische Kontrollcode von Amtor.

Packet Radio ist in der Lage, 8-Bit-Werte zu übertragen. Die Fehlerüberprüfung erfolgt dann nach einem bestimmten Protokoll, indem noch zusätzliche Kontrollcodes übertragen werden. Dies funktioniert auf den störungsfreien UKW-Kanälen in Frequenzmodulation einwandfrei, aber nicht mehr in den schmalen SSB-Kanälen im Kurzwellenbereich, auch wenn man die Baudrate gegenüber UKW stark reduziert. Deshalb hat sich Packet Radio auf Kurzwelle nicht so recht durchsetzen können.

Hier bietet nun PACTOR Abhilfe. Es wird ein 8-Bit-Code übertragen. Die Fehlersicherung erfolgt mittels CRC-Check ähnlich Packet Radio. Es werden sehr kurze Datenblöcke übertragen. Bei "PACTOR 1" arbeitet man mit zwei Tönen (AFSK) mit 100 bis 300 Bit/s. Es wird mit synchroner Datenübertragung gearbeitet, wie bei Amtor. Dadurch entfallen die Synchronsignale am Anfang jeden Blockes gegenüber Packet Radio. Außerdem wird Datenkompression verwendet.

Mittlerweile hat die Technologie der digitalen Signalprozessoren (DSP) ein Preisniveau erreicht, dass man Hochleistungsmodems auch für die Amateurfunkanwendung entwickelt hat. Diese neuen Controller sind so flexibel, dass man weitere Übertragungsverfahren entwickeln und die Modems leicht den neuen Gegebenheiten anpassen kann.

Bei PACTOR 2 hat man beispielsweise eine verbesserte Datenkompression eingeführt, eine automatische Frequenzkorrektur ist möglich, die Paketlänge und die Übertragungsrate kann sich den Übertragungseigenschaften automatisch anpassen. Das Signal wird nicht mehr in AFSK übertragen sondern in PSK (phase shift keying). Dadurch lässt sich auch bei höherer Baudrate die niedrige Bandbreite von 500 Hz weiterhin einhalten. Bei PACTOR 2 wird eine sichere Datenübertragung noch ermöglicht, wenn beide Stationen praktisch schon im Rauschen verschwunden sind, wenn man gar keine Töne mehr wahrnehmen kann.

Inzwischen gibt es eine Weiterentwicklung, nämlich PACTOR 3. PACTOR 3 arbeitet nicht mehr nur mit zwei Tönen, sondern mit bis zu 18 Tönen in PSK. Diese Töne liegen im Frequenzbereich zwischen 400 Hertz bis 2,7 Kilohertz. Man benötigt also eine Bandbreite von 2,4 kHz. PACTOR 3 hat also fast die gleiche Bandbreite wie SSB. Deshalb wird PACTOR 3 auch nicht mehr in den für Schmalbandbetriebsarten vorgesehenen Frequenzbereichen betrieben sondern im unteren Teil der SSB-Bereiche.

Stationen mit PACTOR 2 oder PACTOR 3 können ohne Schwierigkeiten mit Stationen mit PACTOR 1 zusammenarbeiten. Diese Eigenschaft nennt man "abwärts kompatibel". Während PACTOR 1 schon mit der Soundkarte dekodiert werden kann, ist für PACTOR 2 und PACTOR 3 immer ein eigener Controller nötig. Mehr zur Technik finden Sie im Lehrgangsteil Technik.

Bei PACTOR gibt es ähnlich wie bei Packet Radio aber eben weltweit auf Kurzwelle Mailboxen, in denen man Nachrichten an Funkamateure ablegen kann. Es gibt sogar Mailboxen, die eine Nachricht per Internet als E-Mail an den Empfänger weiter leiten. Damit kann man beispielsweise als Segler oder Mobilist Nachrichten an andere Funkamateure senden, mit denen man derzeit keine Verbindung aufbauen kann.

Prüfungsfragen
Bearbeiten Sie die Fragen **TE318, TE321, TE322, TE323, TE324, TE325** und **TE326.**

Schmalbandfernsehen (SSTV)

Hinweis vorweg: SSTV gehört eigentlich nicht in die Lektion Digimodes, weil es ein analoges Verfahren ist. Die Technik selbst wird ausführlich im Teil Technik des Amateurfunklehrgangs besprochen. Hier sollen nur die wichtigsten Dinge aus dem Bereich der Betriebstechnik noch einmal hervorgehoben werden.

Im Gegensatz zu Fax, bei dem vor allem Schriftstücke und Pressebilder übertragen werden, wurde SSTV als eigenständige Entwicklung des Amateurfunks durch amerikanische Funkamateure erstmals 1958 publiziert. Die Idee war, stehende Bilder in einem 3 kHz breiten Telefoniekanal so analog zu übertragen, dass diese auf einer Katodenstrahlröhre mit hoher Nachleuchtdauer wiedergegeben werden. Solch ein Bild hatte damals nur 120 mal 120 Bildpunkte und dauerte acht Sekunden. Heute macht man es anders. Man überträgt das Bild zwar langsam, speichert es aber zunächst im Computer, um es mit hoher Bildwiederholfrequenz flimmerfrei auf dem Monitor zu zeigen.

Heute verwendet man ein System mit einem Bild aus 320 mal 240 Punkten in Farbe. Hierbei werden die drei Farben rot, grün, blau nacheinander in ihren Helligkeitsstufen übertragen. Die Übertragung eines Bildes dauert damit aber bereits 120 Sekunden.

Die Funkamateure haben für SSTV folgende Festlegungen (SSTV-Norm) getroffen. Dem Helligkeitswert weiß wird die NF-Frequenz 2300 Hz und dem Wert schwarz wird 1500 Hertz zugeordnet. Linear dazwischen (also analog!) liegen die Helligkeitswerte der drei Farben. Für die notwendige Synchronisation wird eine Tonfrequenz von 1200 Hz festgelegt.

Für Funkamateure, die nicht SSTV machen, ist solch ein Signal daran zu erkennen, dass achtmal in der Sekunde der 30 ms lange Bildsynchronisierimpuls zu hören ist. Ansonsten wechseln die Tonfrequenzen jede Millisekunde und ergeben ein buntes Tonfrequenzgemisch.

Bei SSTV verwendet man meistens Fotos vom Shack, der Antennenanlage oder der Landschaft aus der eigenen Umgebung und schreibt in diese Bilder mit großen Buchstaben die zu übertragenden Textinformationen hinein. Für SSTV (Bildübertragung) gibt es ein eigenes Rapportsystem RSV. R und S wie bei Telefonie/Telegrafie und V für die „Video-Qualität“ (Bildqualität).

V1 = Nur Synchronisation zu sehen,
V2 = Großes Call lesbar,
V3 = Große Details zu erkennen,
V4 = Kleine Details zu erkennen,
V5 = rauschfreies Bild

Prüfungsfrage BD110, BD111
Welche Frequenz soll auf Empfehlung der IARU für Anrufe bei SSTV genutzt werden?

Antwort: 14230 kHz, 3730-3740 kHz

Faksimile (FAX)

Eigentlich ist auch SSTV gar kein Fernsehen mehr sondern ein Bildübertragungsverfahren wie das analoge Faksimile (FAX). Auch hierbei werden Bilder zeilenweise abgetastet und in ein analoges Schwarzweiß- oder in drei Farbsignale umgewandelt und im Tonfrequenzbereich zwischen 1500 und 2300 Hertz übertragen.

Bei FAX ist man allerdings von der Bildgröße unabhängig. Große Bilder zu übertragen dauert entsprechend länger. Diese analoge Bildübertragung liefert eine sehr hohe Bildqualität, die man mit digitalen Verfahren nur bei sehr hoher Anzahl von Bildpunkten und somit recht hoher Dateigröße erreichen kann.

Für Schwarzweißbilder (Wetterkarten) verwendet man eine binäre Übertragung, indem nur die beiden Werte für Schwarz und für Weiß als zwei Töne in AFSK übertragen werden.

Die Betriebsart **FAX** ist
a) nur digital, b) analog oder digital,
c) nur analog, d) immer binär.

Lösung b ist richtig.

Für FAX gibt es ebenfalls ein eigenes Rapportsystem, PST. S und T wie bei CW und P (picture) für die Bildqualität.

P1 = Phasenzeichen schwach hörbar,
P2 = große Zeichen lesbar, P3 = große Details lesbar, P4 = kleine Details lesbar, P5 = kleinste Details lesbar aufgezeichnet, rauschfreie Aufzeichnung.

Prüfungsfragen BD146, BD147
Welcher Frequenzbereich ist für Betriebsart SSTV und FAX gemäß dem IARU-Bandplan vorgesehen?

Antwort: 3730-3740 kHz, 7035-7045 kHz

Hellschreiben

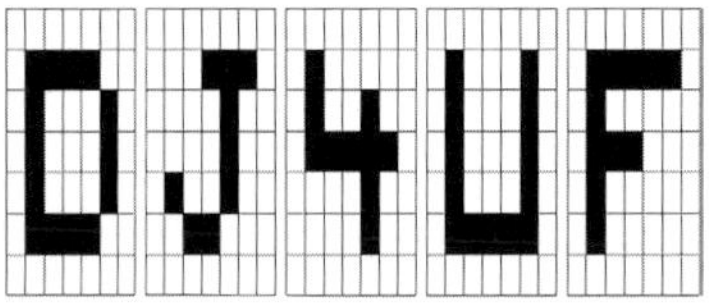

Darstellung der Buchstaben beim Hell-Verfahren

Beim Siemens-Hell-Verfahren denkt man sich alle Buchstaben, Ziffern und Zeichen in ein Raster von 7 · 7 Feldern eingezeichnet. Der Text wird dann zweizeilig geschrieben und spaltenweise mit einer Maschine abgetastet, so dass schwarze und weiße Felder durch 0 oder 1 übertragen werden können.

Auf der Empfangsseite werden diese Punkte durch eine Maschine wiederum auf Papier aufgezeichnet. Jeder Buchstabe wird also durch 49 Bit (das Ganze mal zwei) übertragen. Dadurch ist eine hohe Störsicherheit gegeben. Der Text bleibt lesbar, auch wenn durch Störungen mehrere Bit falsch dargestellt werden. Dieses "Hellschreiben" wird auch im Amateurfunk von Spezialisten verwendet. Es wird heutzutage natürlich mit einem Computer nachempfunden. Auch hier wird AFSK (Technik Lektion 15) angewendet, indem die beiden Farben schwarz und weiß in zwei Töne (also binär) umgewandelt und diese dann in SSB übertragen werden.

Prüfungsfrage BI401
Welche Betriebsart(en) schließt der Begriff "Digimode" ein?
a) Pactor, Amtor, Packet Radio, PSK31, RTTY, b) Amtor, Hellschreiben, Pactor, RTTY, SSTV, c) Packet Radio, Pactor, Amtor, Hellschreiben, SSTV, d) Packet Radio, Amtor, Hellschreiben, Pactor, RTTY.

Antwort: Weil SSTV keine digitale Betriebsart (Digimode) ist, sind nur die Antworten b und c falsch, also eigentlich a und d richtig. Dies ist ein Fehler im Fragenkatalog. Man müsste zur Korrektur in der Antwort d anstatt zum Beispiel Amtor besser SSTV einsetzen. Dann hätte man nur eine richtige Antwort. Sicher wird in der zweiten Auflage dieser Fehler korrigiert sein.

Amateurfunk Fernsehen, analog ATV

Im Amateurfunk wird noch die analoge Übertragung des Fernsehsignals verwendet aber es laufen Versuche, auch im Amateurfunk das Digitalfernsehen einzuführen. Die Technik zu diesem Thema wird ausführlich im Teil Technik des Amateurfunklehrgangs beschrieben.

Wegen der hohen Bildpunktzahl und der hohen Bildwechselfrequenz wird eine Bandbreite von 6,5 MHz benötigt. Wollte man mit dieser Bandbreite einen Sender in Zweiseitenband-AM analog modulieren, wäre eine Bandbreite von zweimal 6,5 MHz also 13 MHz notwendig. Damit wäre beispielsweise der halbe Kurzwellenbereich zwischen 3 und 30 MHz mit einem einzigen Fernsehsender belegt. Deshalb kann man Breitband-Fernsehübertragung nur im UHF-Bereich durchführen.

Prüfungsfrage BI148
Welche Betriebsart ist für den Betrieb auf Kurzwelle ungeeignet?

Antwort: ATV

Die digitale Übertragungstechnik ist auch im Amateurfunk nicht aufzuhalten. Schmalband-ATV ist im Kommen. SATV benötigt eine wesentlich geringere Bandbreite. Dazu gibt es noch keine Prüfungsfragen.

Lektion 9: RST-System, QSL-Karte, Logbuch, Diplome, Gerätebedienung

In dieser Lektion werden alle die Dinge besprochen, die man vielleicht mit „Bürokratie im Amateurfunk" bezeichnen könnte, wie Logbuch führen, QSL-Karten schreiben oder Diplome beantragen.

Das RST-System

	Readability (Lesbarkeit)	Strength (Stärke)	Tone (Ton bei CW)
1	nicht lesbar	kaum hörbar	äußerst roh
2	kaum lesbar	sehr schwach	sehr roh
3	schwach lesbar	schwach	roh
4	lesbar	mäßig	leicht roh
5	gut lesbar	ausreichend	musikalisch
6		gut hörbar	moduliert
7		mäßig stark	instabil
8		stark	etwas Brumm
9		sehr stark	rein

Prüfungsfrage BI201
In welcher Weise werden nach dem RST-System die Aussendungen einer Amateurfunkstelle beurteilt?

Antwort: Lesbarkeit in Stufen von 1 bis 5, Signalstärke in Stufen von 1 bis 9 und Tonqualität bei CW in Stufen von 1 bis 9.

Das RST-System im Amateurfunk dient zur Empfangsbeurteilung. Die Lesbarkeit ist in fünf Stufen eingeteilt. Normalerweise wird R 5 verwendet. Nur bei Schwierigkeiten gibt man schon mal R 4 oder R 3.

Ein Lesbarkeitsrapport von R 3 oder weniger erfordert immer eine zusätzliche Erklärung, beispielsweise QRM 2 bis 5 oder QRN 2 bis 5.

Prüfungsfrage BI209
Sie bekommen von Ihrer Gegenstation den Rapport RST 259 QRN. Was sagt Ihnen der Rapport?

Antwort: Die Station kann mich wegen atmosphärischer Störungen nur zeitweise mit ausreichendem Signal und reinem Gleichstromton aufnehmen.

Die Signalstärke „S“ wird bei Telegrafie zweckmäßigerweise nach Gehör beurteilt. Man dreht einmal über das Band und beurteilt dann im Vergleich zu den stärksten ankommenden Stationen. Moderne Empfänger haben ein S-Meter, das zwar bei S 9 auch stimmt, aber unter S 5 oft gar nichts mehr anzeigt. Dann kann man den CW-Stationen dennoch RST 549 oder 559 geben, da sie deutlich über dem Rauschen empfangen werden. Wenn das S-Meter nichts anzeigt, geben Sie niemals 509. S 0 gibt es nicht. Die Station wäre nicht zu hören.

Die Tonqualitätsbeurteilung bei Telegrafie ist veraltet. Neun Qualitätsstufen braucht man eigentlich nicht mehr. Wenn etwas mit der Stabilität des Tones nicht stimmt, gibt man T 7 oder T 8 und beschreibt das Fehlverhalten mit Worten. Früher hat man bei den selbst gebauten Sendern oft Schwierigkeiten mit der Stabilität der Oszillatoren bei der Tastung gehabt. Dann konnte man eine besonders stabile Frequenz an einer sehr konstanten Tonfrequenz hören und man hängte als Belohnung oder Anerkennung noch ein „x“ an den Rapport, beispielsweise RST 579x. Heutzutage ist ein stabiler CW-Ton bei einem gekauften Transceiver mit PLL-Steuerung eigentlich selbstverständlich. Aber gelegentlich kommen aus dem „Osten“ immer wieder recht merkwürdige Morsesignale.

Wenn allerdings die Tastung wirklich unstabil ist und ein Ton wie bei einem piepsenden Sperling erzeugt („Chirp“ genannt), kann man ein „c“ für Chirp an den Rapport anhängen, also beispielsweise RST 597c. Eigentlich aber sagt es der Rapport T 7 allein schon aus und diese Zusätze sind nicht zeitgemäß. Sie sind auch nicht mehr in Gebrauch und könnten aus dem Fragenkatalog verschwinden.

Prüfungsfragen BI206, BI208
Sie bekommen von Ihrer Gegenstation den Rapport 449c. Was sagt Ihnen der Rapport bzw. welche Maßnahmen sollten Sie ergreifen?

Antwort aus dem Fragenkatalog: Die Gegenstation kann mein Funksignal ohne Schwierigkeiten lesen. Es ist mit mittelmäßiger Signalstärke und „chirpendem“ Ton aufzunehmen. Das Sendesignal ist zu überprüfen.

Bei „Aurora“ ist – wie oben beschrieben – der Ton in Telegrafie nicht mehr als Einzelton wahrnehmbar sondern nur als ein verrauschtes getastetes Signal. In einem solchen Fall gibt man bei Aurora-CW keinen Tonrapport sondern setzt an die Stelle von T bei RST ein „A“, beispielsweise RST 55A.

Prüfungsfrage BI211
Wie wird ein Aurora-Signal in Telegrafie beurteilt?

Antwort aus dem Fragenkatalog: Mit R, S und "A", da der Ton verbrummt ist.

Bei Telefonie wird im 80- und 40-m-Band die Stärke üblicherweise nach dem S-Meter verteilt. Vergleichen Sie aber mal Ihren S-Meter-Ausschlag mit dem von befreundeten Stationen aus dem Ortsbereich. Manche S-Meter zeigen utopische Werte an oder mit einer Behelfsantenne ist die Anzeige möglicherweise sehr gering. Das S-Meter zeigt vielleicht bei keiner Station mehr als S 4, obwohl die Stationen sehr stark zu hören sind. Nach der Theorie entspricht eine S-Stufe genau 6 dB und S 9 ist auf Kurzwelle mit 50 µV an 50 Ω definiert. Für VHF/UHF gelten 5 µV an 50 Ω für S 9.

Prüfungsfrage BI210
Wie groß ist der Unterschied zwischen S5 und S8 in dB?

Antwort: Es sind drei S-Stufen zu je 6 dB. Das sind insgesamt 18 dB.

Prüfungsfrage BI202
Um wie viel dB ist die Empfängereingangsspannung abgesunken, wenn die S-Meter-Anzeige durch Änderung der Ausbreitungsbedingungen von S9+20 dB auf S8 zurückgeht?

Lösung: Von S 9+20 dB auf S9 sind 20 dB. Von S 9 auf S 8 sind 6 dB, also sind es insgesamt 26 dB.

Mit diesen Kenntnissen können Sie die Linearität Ihres S-Meters sehr einfach überprüfen. Sie haben bereits im Lehrgang Teil Technik in der ersten Lektion das Rechnen mit Dezibel gelernt. Sie wissen, dass doppelter Leistung 3 dB, vierfacher Leistung 6 dB und zehnfacher Leistung 10 dB entspricht.

Sie benötigen eine Gegenstation im Bereich der Bodenwelle oder mit einem sehr konstanten Signal, die Ihre Sendeleistung ziemlich genau einstellen kann. Lassen Sie die Gegenstation einmal mit 100 Watt mit einem konstanten Ton oder in FM oder in CW senden und lesen Sie das S-Meter ab. Dann lassen Sie die Leistung auf ein Viertel, also auf 25 Watt reduzieren. Ihr S-Meter müsste genau eine S-Stufe weniger anzeigen. Wenn Sie bei S 9 angefangen haben, kennen Sie nun den richtigen Wert für S 8.

Bei Signalen über S 9 machen Sie das gleiche Experiment mit 100 Watt und 10 Watt. Das S-Meter muss 10 dB weniger anzeigen. Wenn Sie genau bei S 9 enden, können Sie auf diese Weise S 9 plus 10 dB festlegen.

Prüfungsfrage BI203
Durch "Fading" sinkt die S-Meter-Anzeige von S 9 auf S 8. Auf welchen Wert sinkt dabei die Empfänger-Eingangsspannung ab, wenn bei S 9 am Empfängereingang 50µV anliegen?

Lösung: Für die Beantwortung dieser Frage müssen Sie sich aus dem Bereich Technik daran erinnern, dass vierfache Leistung (6 dB) doppelter Spannung entspricht. Also einer S-Stufe entspricht die doppelte (halbe) Spannung. Wenn also die Anzeige um eine S-Stufe sinkt, entspricht es der halben Spannung. Ergebnis: 25 µV.

Es gibt Funkgeräte (Feldstärkemessgeräte), welche die Empfangsspannung in Dezibel über dem Rauschen angeben können.

Prüfungsfrage BI204
Bei einer SSB-Verbindung auf VHF / UHF sagt Ihnen Ihr Gesprächspartner: "Ich empfange Sie mit R 5 und 30 dB über Rauschen". Was meint er damit?

Antwort: Er kann mich einwandfrei lesen, und mein Signal ist ausreichend stark. Bei seinem Empfänger ist die Signalstärke in dB ablesbar.

BI207 Sie haben Sprechfunk-Kontakt mit einer Englisch sprechenden Station, die einwandfrei lesbar ist und deren Feldstärke am S-Meter mit S 8 angezeigt wird. Auf welche Weise erteilen Sie der Station den Rapport?
a) Sie sagen: I copy you readability five and signal strength eight
b) Sie sagen: You are five and eight
c) Sie sagen: You are five by eight
d) Sie sagen: You are fifty-eight

Antwort: a

Logbuchführung

Im Amateurfunk ist es üblich, jede Aussendung genau mit Frequenz und Uhrzeit festzuhalten. Dies hat einerseits technische Gründe, um im EMV-Fall feststellen zu können, ob die Störungen von der eigenen Station gekommen sind.

Ferner werden normalerweise die Kurzwellenfunkverbindungen und auch die UKW-DX-Verbindungen mit einer QSL-Karte bestätigt. Nur beim lokalen FM-Relaisfunk und bei Packet Radio ist ein QSL-Austausch nicht üblich. Und die Daten für die QSL-Karte hält man im Stationstagebuch fest. Dazu gehören außer Tag, Uhrzeit (in UTC!), Frequenz, Rufzeichen, Rapporte auch Aufzeichnungen über Bedingungen, verwendete Sendeleistung, Antenne und so weiter.

Prüfungsfrage BL105
Was sollten Sie bei der Eintragung der Uhrzeit in das Funktagebuch beachten?

International hat man als Uhrzeit die „universal time coordinated" (UTC, auch UT) festgelegt. Früher nannte man die Zeit „Greenwich Mean Time" (GMT). Es ist die Zeit bezogen auf den Nullmeridian. Der Nullmeridian geht durch Greenwich. Deutschland (Berlin) liegt zirka eine Sonnenstunde weiter östlich. Dort ist die Sonne also eher. Bei uns ist es also schon eine Stunde später als in England. Wenn es bei uns bereits Mittag 12 Uhr ist, ist es in England erst 11 Uhr. Deshalb kann man von uns aus die UTC (im Winter) recht einfach berechnen, indem man von unserer Zeit (MEZ = mitteleuropäische Zeit) eine Stunde abzieht.

UTC = MEZ – 1 Stunde

Man hat in Mitteleuropa die Sommerzeit eingeführt. Die Sommerzeit ist Winterzeit minus einer weiteren Stunde.

Prüfungsfrage BL106
Welcher Zeitunterschied besteht zwischen UTC und MESZ?

Antwort: UTC = MESZ – 2 Stunden .

Prüfungsfrage BL109
Welche Uhrzeit tragen Sie in das Logbuch ein, wenn Sie um 13:30 Uhr MESZ mit DL1ABC ein QSO hatten?

Antwort: 11:30

Weiter zur Logbuchführung: Funkamateure ohne Computer tragen die Daten schriftlich in ein Logbuch ein. Allerdings ist es nach einiger Zeit schwierig herauszufinden, ob man mit dem Funkpartner bereits eine Verbindung hatte. Man legt Karteikarten an. Um bei einer folgenden Verbindung schnell die Daten parat zu haben, kann man sie beispielsweise nach Suffix sortieren. Es werden mehrere Funkverbindungen auf einer Karteikarte notiert, um die Anzahl der Karten zu begrenzen. Beispielsweise kann eine solche Karteikarte einer „Endbuchstabenkartei" folgendermaßen aussehen.

DJ4UF	Eckart, Aachen	12.5.68	13:10	7	CW	599/579
UA9UFA	Alex, Ural	13.2.71	14:05	14	CW	569/579
ZP2UFZ	Fred	24.1.74	21:05	21	SSB	57/57

Ausschnitt aus einer Endbuchstabenkartei, hier als Beispiel "UF"

Prüfungsfrage BL101
Was ist ein Logbuch?

Heute im Computerzeitalter sind solche Karteikarten aus der Mode gekommen. Ein

Computerprogramm kann in Sekundenschnelle die Daten früherer Funkverbindungen auf den Bildschirm bringen. Ähnlich einer Karteikarte werden die Eintragungen in entsprechende Felder gemacht. Das Datum wird meist schon vom Computer vorgegeben, wenn man die Daten aktuell eintragen möchte und auch die Uhrzeit kann vom Computer übernommen werden. Bei Geräten mit einer CAT-Schnittstelle kann sogar die eingestellte Frequenz direkt übernommen werden.

Eintragungen von Gruppenmitgliedschaften, die für Diplome zählen, können später automatisch ausgewertet werden. Natürlich kann das Computerprogramm auch erkennen, wenn man ein neues DXCC-Land oder einen neuen Präfix oder ein neues Square gearbeitet hat und später entsprechende Auszüge für Diplomanträge erstellen.

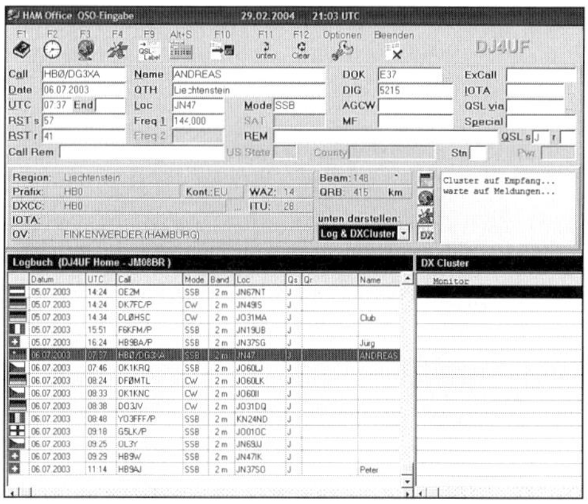

Eingabemaske eines Logbuchprogramms

Moderne Logbuchprogramme können noch weit mehr. Manche Programme können bei Eingabe eines Präfixes das Land erkennen und danach automatisch die Antenne ausrichten. Oder sie können einen Packet Radio TNC steuern, Clustermeldungen auswerten und Frequenz und Antenne automatisch richtig einstellen.

Natürlich kann man die Logbuchdaten auch ausdrucken oder für die noch nicht bestätigten Verbindungen Aufkleber drucken, die man auf eine QSL-Karte klebt. Die notwendigen Daten sind dann alle schon eingetragen.

Einige Programme haben integrierte Weltkarten oder Locatorkarten, auf denen sofort angezeigt wird, wo sich der Standort des Funkpartners befindet. Natürlich werden auch Angaben über Entfernung oder Antennenrichtung gemacht.

Wenn die Funkstörungsmessstelle wegen eventueller Störungen Messen kommt, sollten Sie nachweisen können, ob Sie zu den fraglichen Zeiten gesendet oder nicht gesendet haben. Da man aber kein Logbuch führen muss, kann im fraglichen Fall „behördlich angeordnet“ werden, ein Logbuch zu führen. Dies darf auch ein Computerlogbuch sein. Allerdings müssen die Daten wie bei einem Papierlogbuch eine gewisse zeit einsehbar sein. Beim Wechsel der Logbuchsoftware muss sicher gestellt sein, dass die alten Daten noch gelesen werden können.

Prüfungsfrage BL102
In welchen Fällen muss ein Stationstagebuch geführt werden?

Antwort: Auf Anordnung der Regulierungsbehörde für Telekommunikation und Post.

Prüfungsfrage BL103, BL104
Was ist bei der Erstellung eines "Computer-Logbuchs" bei angeordneter Logbuchführung zu beachten?

Antwort aus dem Fragenkatalog: Die Daten müssen, wie auch beim Papierlogbuch, über eine bestimmte Zeit einsehbar sein.

Die QSL-Karte

Aus der Anfangszeit des Amateurfunks ist die nette Tradition bis heute erhalten geblieben, dass eine getätigte Funkverbindung schriftlich bestätigt wird. Es war damals ein besonderes Ereignis, wenn man mit seinem selbstgebauten 10-Watt-Sender Kontinente überbrückte. Man freute sich auch über Empfangsberichte (SWL-QSL) da man viel mehr CQ rief und nicht viele Verbindungen bei der geringen Zahl der Funkamateure zustande kamen.

Die QSL-Karte dient dem Empfänger als Sammelobjekt, als Karteikarte oder als Nachweis für die Beantragung von Diplomen. Damit eine QSL-Karte für Diplome gültig ist, muss sie außer dem Rufzeichen, Standort, Datum und der Zeit in UTC auch den RST Rapport enthalten. Bei Funkverbindungen über Relaisfunkstationen muss man den Rapport an der Eingabe schätzen, also meistens 59.

Prüfungsfrage BL108, BL109
Welche Uhrzeit wird in die QSL-Karte eingetragen?

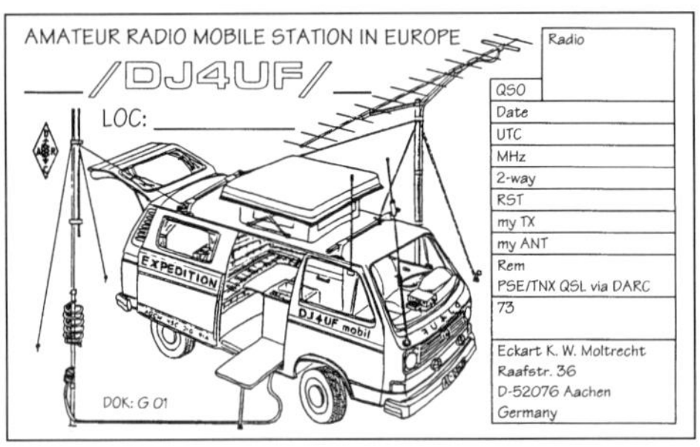

Die QSL-Karte - eine nette Geste

Weil die QSL-Karte als Visitenkarte gilt, wird sie von vielen Funkamateuren häufig grafisch interessant gestaltet. Sie soll etwas entweder über den Operator, seine Funkstation oder die Landschaft, den Ort, die Umgebung aussagen. Die Karte muss nicht unbedingt im Vierfarbendruck auf dickem „Cromoluxkarton“ gedruckt werden, aber eine nette Grafik kommt immer gut an.

QSL-Karten werden entweder direkt an den Funkamateur geschickt, indem man die Adresse aus dem internationalen „Callbook“ entnimmt oder aber über den Amateur Radio Club meistens kostenlos vermittelt (via Bureau). Das internationale Callbook gibt es heutzutage natürlich auch auf CD.

Bei DXpeditionen wird häufig ein QSL-Manager angegeben. An diesen Funkamateur soll dann die Karte geschickt werden. Wenn man eine QSL-Karte direkt (also nicht über den langen Weg über das Büro) haben möchte, schickt man diese mit Rückumschlag und Rückporto an die entsprechende Adresse. Diese Versandart wird mit SASE (self addressed stamped envelope) bezeichnet.

Prüfungsfrage BI131
Wo können Sie die Anschriften von ausländischen Funkamateuren finden, denen Sie die QSL-Karte direkt zusenden möchten?

Wenn man keine Briefmarke der Landespost zur Hand hat, kann man auch einen internationalen Antwortschein IRC beifügen. Aber Achtung! Für Überseepost per Luftfracht reicht ein IRC nicht aus. Legen Sie also mindestens zwei IRCs bei. Und noch einmal Achtung! Die IRCs gelten nicht in jedem Land. Erkundigen Sie sich vorher bei der Post. Dollar- oder Euronoten werden auch sehr gern genommen.

Prüfungsfrage BL110
Was wird im Amateurfunk unter „SASE“ verstanden?

Diplome

Die Radioclubs der einzelnen Länder, die Ortsverbände des DARC (Deutscher Amateur Radio Club, Baunatal) oder andere private Funkclubs geben für besondere Leistungen im Amateurfunk Diplome heraus. Grafisch schön gestaltete, farbig gedruckte, großformatige Blätter, die man eingerahmt im Shack (Funkbude) aufhängt, geben Auskunft über die erbrachte Leistung. Gelegentlich sind diese Diplome nicht nur bedrucktes Papier sondern auch Holzteller, Tonkrüge, Gussschalen und so weiter.

Das begehrteste Diplom: 5-Band-DXCC

Das von Kurzwellen-Funkamateuren begehrteste Diplom ist das DXCC (DX century club), das von der amerikanischen Funkvereinigung ARRL herausgegeben wird. Es muss durch QSL-Karten nachgewiesen werden, dass man mit mehr als 100 Ländern der Erde Funkkontakt gehabt hat. Beim 5-Band-DXCC muss man auf den fünf klassischen Bändern 80 m, 40 m, 20 m, 15 m und 10 m je mindestens hundert verschiedene Länder durch QSL bestätigt haben.

Das begehrteste Diplom in Deutschland ist das DLD (Deutschland Diplom), das in verschiedenen Klassen ausgegeben wird. In der einfachsten Klasse muss man durch QSL-Karten nachweisen, dass man auf 80 m oder 40 m mit mindestens hundert verschiedenen Ortsverbänden mit dem deutschen Ortsverbandskenner DOK gearbeitet hat. Jede Stadt hat mindestens einen Ortsverband. Der Ortsverbandskenner besteht aus einem Buchstaben für den Distrikt und einer zweistelligen Ziffer für den Ortsverband, beispielsweise DOK G01 für den Ortsverband Aachen.

Es gibt Diplome beispielsweise dafür, dass man alle (viele) Länder eines Kontinents erreicht hat, beispielsweise das „All Africa Award“ oder dass man hundert verschiedene Inseln erreicht hat und vieles mehr. Inzwischen gibt aber beinahe jeder Ortsverband ein Diplom heraus, wenn man eine bestimmte Anzahl seiner Mitglieder gearbeitet hat. Dies hat sicher Erinnerungswert, stellt aber keine Leistung dar.

Da die Diplome meistens Geld kosten, sollte man wirklich nur solche beantragen, die auch wirklich eine sinnvolle Leistung in der Funkbetriebstechnik verlangen. Ein Diplom zu erarbeiten, bei dem man mit QSL-Karten nachweisen muss, dass man mit dem letzten Buchstaben der Rufzeichen einen Namen der Stadt zusammensetzen kann beispielsweise zeugt sicher nicht von einer funktechnischen Leistung.

Das Diplom wird vom Funkamateur selbst beantragt. Hierzu müssen entweder die QSL-Karten selbst oder die Daten der Karten auf einer Liste zusammengestellt und von einem Ortsverbandsbeauftragten oder von zwei Funkamateuren bestätigt werden (so genannte GCR-Liste) und diese Liste dann zusammen mit einem Verrechnungsscheck über die Diplomgebühr an den Diplom-Manager geschickt werden.

Prüfungsfrage BL116
Was bedeutet DXCC-Diplom?

Bedienung des Transceivers

Natürlich gehört zur Betriebstechnik auch die typische Gerätebedienung. Weil alle Geräte doch „irgendwie" anders zu bedienen sind, werden nur ein paar Dinge ausgewählt, die bei vielen Geräten vorkommen. Vieles wurde bereits im Teil Technik des Amateurfunklehrgangs in der Lektion 18 erläutert. Hier folgt eine Zusammenfassung in Bezug auf die Betriebstechnik.

VOX — PTT

VOX ist eine Abkürzung für *Voice Control* und bedeutet Sprachsteuerung. Damit ist gemeint, dass man den Transceiver von Empfang auf Senden einfach dadurch umschalten kann, dass man in das Mikrofon spricht. Aus der verstärkten Mikrofonspannung wird ein Steuersignal gewonnen, mit dem der Transceiver umgeschaltet wird.

PTT bedeutet *Push To Talk*, was übersetzt etwa heißt: „Drücke, um zu sprechen". In ein Mikrofon für Amateurfunkgeräte ist häufig ein Umschalter eingebaut, auf den man drücken muss, um den Transceiver von Empfang auf Sendung umzuschalten.

Für ein flüssiges Gespräch, bei dem abwechselnd immer nur ein Satz gesprochen wird, eignet sich die VOX recht gut. Bei längeren Durchgängen sollte man besser die PTT benutzen, um das häufig nicht zu überhörende Umschalten des Transceivers zu vermeiden. Die Abfallzeitkonstante der VOX lässt sich üblicherweise einstellen. Man sollte diese an seine Sprechgewohnheiten anpassen.

Eine „Anti-VOX-Schaltung" bewirkt, dass die VOX nicht durch ein über den Lautsprecher rückgekoppeltes NF-Signal ausgelöst werden kann. Die Anti-VOX muss sorgfältig eingestellt werden. Sie ist abhängig vom Aufstellungsort des Lautsprechers.

Bei Telegrafie schaltet die VOX beim Tasten auf Senden und gibt in den Tastpausen nach einer einstellbaren Verzögerungszeit den Empfänger frei. Man nennt dies auch *Semi-Break-In (Semi-BK)*. Die Umschaltspannung wird aus dem Mithörtonerzeuger gewonnen. Wird der Transceiver bei Telegrafie nicht auf VOX-Betrieb gestellt, muss zum Umschalten die PTT verwendet werden.

RIT - Split-Betrieb

Manchmal benötigt man in Gesprächsrunden eine Empfängerfeinverstimmung, ohne dass sich die Sendefrequenz dabei ändert, denn nicht immer sind alle Stationen exakt auf der gleichen Frequenz. Diese Frequenzveränderung von zirka maximal ±10 kHz am Empfänger nennt man *Receiver Incremental Tuning* (RIT) oder auch *Clarifier*. Beim normalen Funkbetrieb sollte man darauf achten, dass die RIT beim Beginn der Funkverbindung ausgeschaltet ist, damit man nicht auf der falschen Frequenz anruft.

> **Prüfungsfrage BL113**
> Wozu benötigt man die RIT (Receiver Incremental Tuning) in der Praxis?

Moderne Transceiver haben zwei VFOs. Damit ist Split-Funkbetrieb möglich. Besonders bei DXpeditionen sendet die DX-Station auf einer anderen Frequenz als die anrufenden Stationen. Der OP sagt dann im Laufe der Funkverbindung, dass man beispielsweise im Frequenzbereich .280 bis .300 anrufen soll, während er selbst auf .250 sendet. Diese Art des Frequenz-Splittings wurde bereits in der Lektion 6 ausführlich beschrieben.

Kompressor

Beim Sendebetrieb möchte man besonders bei DX-Funkbetrieb eine immer volle Aussteuerung des Senders auch bei leiseren Sprachsignalen erreichen. Dazu haben manche Transceiver einen *Speech Processor.* Dieser hebt automatisch bei leiseren Signalen die Verstärkung des Modulationsverstärkers an und reduziert diese wieder bei lauteren Passagen.

Die Geschwindigkeit, mit der dieser Prozessor die Verstärkung regelt, kann am Transceiver eingestellt werden. Bei einer geringen Zeitkonstante wird beim normalen Sprechen zwischen den Lauten bereits geregelt, wodurch die Modulation verfälscht wird. Bei schlechten Ausbreitungsverhältnissen ist diese Einstellung empfehlenswert, nicht aber bei normalen Funkverbindungen mit Signalen über S9.

Prüfungsfrage BL115
Wozu dient ein „Speech Processor" in einem Sender?

HF-Regelung – NF-Regelung

Alle gut aufnehmbaren Signale zwischen S5 und weit über S9 sollen auch bei SSB ungefähr gleich laut aus dem Lautsprecher kommen. Bei 40 dB Unterschied ist dies ein Leistungsverhältnis von 10 000. Also würde das stärkere Signal 10000mal mehr NF-Leistung erzeugen, wenn der Empfänger dies nicht ausgleichen würde. Dieser Ausgleich geschieht mit der AGC (automatic gain control), was soviel wie automatische Lautstärkeregelung bedeutet. Dazu wird hinter dem Demodulator eines Empfängers die Höhe des Pegels „gemessen" und je nach Stärke werden die Verstärkerstufen auf entsprechende Verstärkung geregelt.

Ein Transceiver hat üblicherweise einen Einstellknopf *RF Gain* (Hochfrequenzverstärkung), den man auch HF-Regler nennt. Mit diesem Einstellknopf gibt man eine zusätzliche Gleichspannung auf den AGC-Verstärker und täuscht dem Gerät damit ein stärkeres Signal vor. Die Verstärkung wird dadurch heruntergeregelt.

Eine etwas andere Wirkung hat die Rauschsperre (Squelch). Man gibt eine Gleichspannung auf den NF-Verstärker. Solange die AGC nicht größer ist, als die eingestellte Squelch-Spannung, sperrt der NF-Verstärker und lässt keine Signale durch. Dadurch kann man der Empfänger auf Empfang eingeschaltet lassen, ohne dass ein lästiges Hintergrundrauschen stört. Erst wenn ein lesbareres Signal die eingestellte Schwelle überschreitet, kann man das Signal hören. Der Squelch wird überwiegend in der Betriebsart FM eingesetzt.

Um die Lautstärke der Umgebung anzupassen, hat jeder Empfänger einen Lautstärkeeinsteller (AF Gain), den man auch Lautstärkeregler nennt. Häufig sind die beiden Einsteller für HF- und für NF-Einstellung als Doppelknopf ausgeführt.

Preamplifier – Attenuator

Bei der Verwendung von Behelfsantennen kann das Signal ziemlich schwach sein und die Regelung am Empfänger funktioniert nicht korrekt. Dafür haben die meisten Transceiver einen schaltbaren Vorverstärker eingebaut. Allerdings kann man damit bei starken Empfangssignalen (abends auf 40 m oder an der Hochantenne) den Empfängereingang übersteuern und es gibt Empfangsstörungen. Dagegen gibt es bei den meisten Geräten einen schaltbaren Antennensignalabschwächer (attenuator).

Lektion 10: Radio Regulations

Mit dieser Lektion beginnt der Teil, der sich mit Gesetzen, Verordnungen und Regelungen zum Amateurfunk befasst. Für „Techniker" sind Gesetzestexte häufig „ein Graus". Es bleibt Ihnen aber nicht erspart, sich zumindest für die Vorbereitung auf die Prüfung damit zu befassen. Seien Sie also bitte dafür „aufnahmebereit".

Das erste Gesetzeswerk, das hier ein wenig interpretiert werden soll, sind die so genannten Radio Regulations der „International Telecommunication Union" (ITU), die man früher in nationales Recht gewandelt hatte und damals „**V**ollzugs**o**rdnung für den **Funk**dienst der ITU" (VO Funk) hießen.

Diese Radio Regulations (abgekürzt RR) gelten für alle Funkdienste, nicht nur für den Amateurfunk. Man hat dort den Amateurfunkdienst „definiert". Weil in den RR unterschiedliche Regelungen zwischen dem terrestrischen Funkdienst und dem Funkdienst über Satelliten bestehen, beim Amateurfunk aber keine generellen Unterschiede gemacht werden, hat man die Definition des Amateurfunkdienstes und des Amateurfunkdienstes über Satelliten zusammengefasst. In den folgenden Antworten auf die ersten drei Prüfungsfragen können Sie die Definition für den Amateurfunkdienst nachlesen. Diese Definitionen sollten Sie auswendig lernen!

Prüfungsfrage VA101
Wozu dient der Amateurfunkdienst nach dem Wortlaut seiner internationalen Begriffsbestimmung in den Radio Regulations (VO Funk)?

Antwort: Zur eigenen Ausbildung, für den Funkverkehr der Funkamateure untereinander und für technische Studien.

Prüfungsfrage VA102
Wozu dient der Amateurfunkdienst über Satelliten nach dem Wortlaut seiner internationalen Begriffsbestimmung in den Radio Regulations (VO Funk)?

Antwort: Der Amateurfunkdienst über Satelliten dient den gleichen Zwecken wie der Amateurfunkdienst, wobei Weltraumfunkstellen auf Erdsatelliten benutzt werden.

Prüfungsfrage VA103
Welche Aussage über Funkamateure enthält die Begriffsbestimmung des Amateurfunkdienstes in den Radio Regulations (VO Funk)?

Antwort: Funkamateure sind ordnungsgemäß ermächtigte Personen, die sich mit der Funktechnik aus rein persönlicher Neigung und nicht aus geldlichem Interesse befassen.

Prüfungsfrage VA104
In welchem Regelungswerk ist der Begriff "Amateurfunkdienst" definiert?
a) Im Artikel 1 der Radio Regulations (VO Funk).
b) In den Empfehlungen des Funkbüros der Internationalen Fernmeldeunion (ITU).
c) In der Empfehlung T/R 61-02 der CEPT (Europäische Konferenz der Verwaltungen für Post und Telekommunikation).
d) Im Artikel 25 der Radio Regulations (VO Funk).

In den Auswahlantworten zu dieser Prüfungsfrage VA104 sind die wichtigsten internationalen Gesetze, Regelungen und Empfehlungen für den gesamten Funkdienst aufgeführt. Für Funkamateure wichtig sind alle vier, jedoch ist die Definition des Begriffes Amateurfunkdienst im Artikel 1 der Radio Regulations zu finden. Dies ist also die Lösung der Prüfungsfrage. Die anderen Regelungen lernen Sie noch im Verlauf des Lehrgangs kennen.

Lösen Sie in diesem Zusammenhang die **Prüfungsfrage VA105**

Die Amateurfunkstelle

Bisher haben Sie etwas zum Begriff des Amateurfunkdienstes kennen gelernt. Im folgenden Abschnitt geht es um die einzelne Amateurfunkstelle, also um das, was wir mit „Amateurfunkstation“ beschreiben könnten.

Prüfungsfrage VA201
Wie ist die Amateurfunkstelle in den Radio Regulations (VO Funk) definiert?

Antwort: Eine Amateurfunkstelle ist eine Funkstelle des Amateurfunkdienstes.

Prüfungsfrage VA202
Was ist eine Amateurfunkstelle im Sinne der Radio Regulations (VO Funk)?

Antwort: Sie ist eine Funkstelle, die im Rahmen der Definition und der Regelungen des Amateurfunkdienstes in der VO Funk von einem Funkamateur betrieben wird.

Kommentar: Typischer Gesetzestext! Muss man einfach so hinnehmen ☹. Sehen Sie sich die richtige Antwort noch einmal genau an und vergleichen Sie diese mit den falschen Antworten im Fragenkatalog. Merken Sie sich dann die richtige Antwort für Ihre Prüfungsvorbereitung.

Prüfungsfrage VA203
Wie ist die Funkstelle in den Radio Regulations (VO Funk) definiert?

Antwort: Eine Funkstelle besteht aus einem oder mehreren Sendern oder Empfängern oder ist eine Zusammenschaltung von Sendern und Empfängern einschließlich der Zusatzeinrichtungen, die zum Ausüben eines Funkdienstes an einem Ort erforderlich sind.

Kommentar: Siehe oben!

Bei der folgenden Prüfungsfrage müssen Sie sich die Antworten ganz genau ansehen und darauf achten, ob die genannten Einrichtungen nach den Radio Regulations betrieben werden. In den Radio Regulations findet man auch die Frequenzzuweisungen, die Sie bereits in der Betriebstechnik gelernt haben. Bei einer Antwort wird ein Frequenzbereich aus dem 11-m-Band genannt, der nicht im Frequenzzuweisungsplan für den Amateurfunk enthalten ist. Also entspricht diese Antwort nicht den RR und ist somit die gesuchte Antwort, da nach dem NICHT gefragt wird.

Prüfungsfrage VA204
Bei welcher der genannten Einrichtungen handelt es sich um keine Amateurfunkstelle nach der Definition der Radio Regulations (VO Funk) und des AFuG?
a) Je eine Funkbake im 70-cm-, 23-cm- und 13-cm-Band mit gemeinsam gleichen Rufzeichen am gleichen Standort.
b) Ein FM-Relais mit Sender und Empfänger am gleichen Standort sowie getrennter Ein- und Ausgabefrequenz zwischen 27120 und 27410 kHz.
c) Ein Digipeater im 70-cm-Band mit DX-Cluster und Mailbox-Dienst, wobei der für den Digipeater-Betrieb notwendige Datenrechner nicht am Standort des Digipeaters steht.
d) Ein Fuchsjagdsender im 80-m-Band mit weniger als 5 Watt Senderleistung, der kein Rufzeichen, aber die Peilkennungen MO, MOE, MOI oder MOS aussendet.

Lösung: b. d ist auch eine Einrichtung nach Definition der RR, denn Fuchsjagdsender dürfen tatsächlich diese festgelegten Kennungen aussenden, wie Sie bereits in der Lektion 6 gelernt haben. Siehe auch folgende Prüfungsfrage!

Prüfungsfrage VA205
Bei welcher der genannten Einrichtungen handelt es sich um eine Amateurfunkstelle nach der Definition der Radio Regulations (VO Funk) und des AFuG?

Antwort: Ein Fuchsjagdsender im 80-m-Band mit weniger als 5 Watt Senderleistung, der kein Rufzeichen, aber die Peilkennungen MO, MOE, MOI oder MOS aussendet.

Eine Versuchsfunkstelle ist keine Amateurfunkstelle. Ebenso ist ein LPD-Funkgerät, das im 70-cm-Amateurfunkband im Rahmen des nichtöffentlichen mobilen Landfunks betrieben wird, keine Amateurfunkstelle im Sinne der RR. Das unter d) genannte FM-Relais mit Sender und Empfänger am gleichen Standort sowie getrennter Ein- und Ausgabefrequenz zwischen 27120 und 27410 kHz arbeitet im CB-Funkbereich, ist also ebenfalls keine Amateurfunkstelle im Sinne des Gesetzes.

Artikel 25 der RR

Bisher (vor August 2003) war im Artikel 25 der Radio Regulations festgelegt, dass derjenige, der Frequenzen unter 30 MHz nutzen will, eine Morseprüfung ablegen muss. Diese Bestimmung ist entfallen. Deshalb ist auch die folgende Prüfungsfrage entfallen.

(Prüfungsfrage VA301)
Was ist in den Radio Regulations (VO Funk) bezüglich der Morsequalifikation für Funkamateure festgelegt?

Prüfungsfrage VA302
Gelten die allgemeinen Regelungen der Radio Regulations (VO Funk) auch für den Amateurfunkdienst?

Antwort: Ja, der Amateurfunkdienst ist in den Radio Regulations so festgelegt.

Prüfungsfragen VA303, VA304
In welcher Sprache darf der internationale Amateurfunkverkehr durchgeführt werden?

Antwort: In offener Sprache. Q-Gruppen und gebräuchliche Betriebsabkürzungen gelten nicht als Verschlüsselung.

Weitere Regelungen

In den Radio Regulations wurde auch festgelegt, dass die Erde in drei Regionen eingeteilt wird, wobei jede Region eigene Frequenzpläne aufstellen kann, da sie so weit auseinander liegen, dass sich die Mittelwellen und die Ultrakurzwellen nicht gegenseitig beeinflussen. Diese drei Regionen sind:

Region 1: Europa, Afrika, Vorderasien (ohne Iran), Russland, Georgien, Armenien, Aserbaidschan, Kasachstan, Turkmenistan, Usbekistan, Tadschikistan, Kirgisistan, Mongolei

Region 2: Nord- und Südamerika, Karibik, Grönland, Hawaii

Region 3: Australien, Neuseeland, Ozeanien und Asien ohne die unter Region 1 genannten Länder Asiens.

Prüfungsfragen VA401, VA402
In wie viel Funkregionen ist die Welt aufgeteilt?

Antwort: In drei Regionen.

Prüfungsfrage VA403
Zu welchem Zweck ist die Welt nach dem Frequenzbereichsplan in mehrere Regionen aufgeteilt worden?

Antwort: Zur optimalen, weltweiten Ausnutzung vorhandenen Frequenzspektrums.

Prüfungsfrage VA404
Zu welcher der Funk-Regionen gehört Deutschland?

Antwort: Zur Region 1 (Europa).

Prüfungsfrage VA405
Welche internationale Organisation hat die Funkregionen festgelegt?

Antwort: Die ITU.

In den Radio Regulations wurden die Bedeutungen der Q-Gruppen, die Sie bereits in der Lektion 3 kennen gelernt haben, festgelegt und zwar als Anhang zum Internationalen Fernmeldevertrag der ITU.

Prüfungsfragen VA406, VA407
In welchem Regelungswerk ist die Bedeutung der "Q-Gruppen" festgelegt?

Antwort: In den Radio Regulations (VO Funk) als Anhang zum Internationalen Fernmeldevertrag der ITU (Internationale Fernmeldeunion).

Prüfungsfrage VA408
Was enthält der "Internationale Frequenzbereichszuweisungsplan"?

Antwort: Er enthält die Frequenzbereichszuweisungen für alle Funkdienste in den verschiedenen Funkregionen der Erde.

Prüfungsfrage VA409 Zu welcher Funkregion gehören Ägypten, Marokko, Malta, Island und Südafrika?

Antwort: Region 1, denn es sind alles Länder aus Europa oder Afrika.

Prüfungsfrage VA410
Welche Länder gehören zur Funkregion 2?

Antwort: Argentinien, Kanada, Kuba, Brasilien, Mexiko.

Prüfungsfrage VA411
Welche Länder gehören zur Funkregion 1?

Auswahlantwort: Mongolei, Äthiopien, Andorra, Vatikan.

Prüfungsfrage VA412
Weshalb wird in den Radio Regulations (VO Funk) die Erde in verschiedene Funkregionen eingeteilt?

Antwort: Weil die Frequenzzuweisung je nach Region unterschiedlich sein kann.

Prüfungsfrage VA413
Weshalb wird in den Radio Regulations (VO Funk) die Erde in verschiedene Funkregionen eingeteilt?

Antwort: Um unterschiedliche Frequenzbereichszuweisungen in unterschiedlichen Regionen für verschiedene Funkdienste vornehmen zu können.

Prüfungsfrage VA414
Welche internationale Organisation ist der Herausgeber der Vollzugsordnung für den Funkdienst?
a) Die Internationale Fernmeldeunion (ITU).
b) Die Europäische Konferenz der Verwaltungen für Post und Telekommunikation (CEPT).
c) Die Internationale Amateur Radio Union (IARU).
d) Das europäische Institut für Standardisierungen im Fernmeldewesen.

In den möglichen Antworten zur Prüfungsfrage VA414 werden die verschiedenen Vereinigungen aufgeführt, die sich mit den Regelungen des Funkdienstes befassen.

Die ITU mit ihren Radio Regulations ist für uns Funkamateure wichtig. Die CEPT regelt das gesamte Post- und Fernmeldewesen. Sie regelt die für den Amateurfunk relevanten Gegenseitigkeitsabkommen. Die IARU ist die International Amateur Radio Union, ein Zusammenschluss aller Amateurfunkvereinigungen. Diese müssen sich an die Radio Regulations der ITU halten, können aber eigene Verordnungen erlassen über Frequenzbereiche, die Funkbetriebsarten oder die Durchführung des Funkverkehrs, was nicht in den Radio Regulations festgelegt ist.

Prüfungsfrage VA415
Was bedeuten im Funk die Zeichen "SOS" und "MAYDAY"?

Antwort: Diese Notzeichen zeigen an, dass ein See- oder Luftfahrzeug von ernster und unmittelbar bevorstehender Gefahr bedroht ist. Sie haben die Not- und Sicherheitszeichen bereits in der Lektion 6 kennen gelernt.

Prüfungsfrage VA416
Wo sind die Amateurfunkrufzeichen international geregelt?

Antwort: In Artikel 19 und Anhang 42 der Radio Regulations (VO Funk).

Das müssen Sie sich nicht so genau merken. Es genügt, wenn Sie wissen, dass es in den Radio Regulations steht.

Prüfungsfrage VA417
Darf ein Funkamateur in Deutschland alle in den Radio Regulations für den Amateurfunkdienst zugewiesenen Frequenzbereiche benutzen?

Antwort: Nein. Die in Deutschland zulässigen Frequenzbereiche ergeben sich aus den nationalen Regelungen.

Lektion 11: CEPT Empfehlung T/R 61

Die Europäische Konferenz der Verwaltungen für Post und Telekommunikation (CEPT) hat mit dem Gegenseitigkeitsabkommen T/R 61/62 verschiedener europäischer Länder dafür gesorgt, dass die Amateurfunkzeugnisse gegenseitig anerkannt werden und man deshalb in diesen Ländern ohne Zusatzgenehmigung Funkbetrieb durchführen darf.

Prüfungsfrage VB101
Welche Bestimmungen sind beim Betrieb der Amateurfunkstelle im Ausland zu beachten?

Antwort: Ausschließlich die Bestimmungen des Gastlandes (auch wenn Gegenseitigkeitsabkommen bestehen).

Um dieses Thema geht es in dieser Lektion. Früher, also etwa vor zwanzig Jahren, galt das Amateurfunkzeugnis (früher Lizenz genannt) nur im eigenen Land. Wenn man im Urlaub im Ausland Funkbetrieb machen wollte, musste man bei der zuständigen Behörde des Urlaubslandes eine „Gastlizenz“ beantragen und natürlich auch bezahlen. 1980 gab es mit Luxemburg schon ein Gegenseitigkeitsabkommen und wir konnten damals ohne Zusatzgenehmigung unter LX/DJ4UF und LX/DF4KA Funkbetrieb aus Luxemburg machen. Als wir 1981 mit dem Wohnwagen nach Schweden fuhren, brauchten wir zwar eine Genehmigung aus Stockholm, jedoch konnten wir unter SM/DJ4UF und SM/DF7KX Funkbetrieb machen.

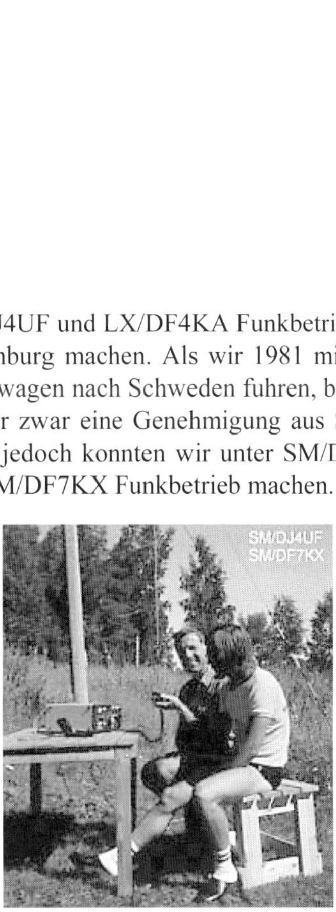

SM/DJ4UF (vorn) und SM/DF7KX 1981

Inzwischen hat Deutschland mit den meisten Ländern Europas Gegenseitigkeitsabkommen nach einer Empfehlung der CEPT (Europäische Konferenz der Verwaltungen für Post und Fernmeldewesen) getroffen. In diese Länder kann man mit seinen Funkgeräten ohne weiteres einreisen und von dort Funkbetrieb nach den Richtlinien des Gastlandes durchführen.

CEPT-Empfehlung T/R 61-01

Die genauen Regelungen erlernen Sie nun durch Fragen und Antworten aus dem Fragenkatalog.

Prüfungsfrage VB102
Aufgrund welcher internationalen Regelung dürfen Inhaber eines deutschen Amateurfunkrufzeichens in vielen europäischen und einigen überseeischen Ländern Funkverkehr abwickeln, ohne vorher eine besondere Zulassung beantragen zu müssen?

Antwort: Aufgrund der Empfehlung T/R 61-01 der Europäischen Konferenz der Verwaltungen für Post und Fernmeldewesen.

Prüfungsfrage VB103, VB119
Was beinhaltet die CEPT-Empfehlung T/R 61-01?

Antwort: Die T/R 61-01 regelt die gegenseitige Gewährung von Kurzzeitbetriebsrechten.

Prüfungsfrage VB104
Darf ein Funkamateur mit deutschem Rufzeichen in allen CEPT-Ländern Amateurfunkverkehr abwickeln?

Antwort: Nein, nur in denjenigen Staaten der CEPT, welche die Empfehlung T/R 61-01 anerkannt haben.

Prüfungsfrage VB105
Darf ein deutscher Funkamateur in einem Land, welches die CEPT-Empfehlung T/R 61-01 anwendet, an der Funkstation eines einheimischen Funkamateurs Funkverkehr abwickeln?

Antwort: Ja, dieser Fall ist von der CEPT-Regelung eingeschlossen.

Prüfungsfrage VB106
Wie lange darf ein Funkamateur mit deutschen Rufzeichen Amateurfunkverkehr in einem Land durchführen, welches die CEPT-Empfehlung T/R 61-01 anwendet?

Antwort: Bis zu 3 Monaten.

Prüfungsfrage VB107
Darf ein Funkamateur mit einem deutschen Rufzeichen der Klasse 1 oder 2 in einem Land, welches die CEPT-Empfehlung T/R 61-01 anwendet, vorübergehend eine eigene ortsfeste Funkstelle betreiben?

Antwort: Nein. Aber der kurzzeitige Betrieb einer Amateurfunkstelle mit Anschluss an das Stromversorgungsnetz in einem Hotel oder auf einem Campingplatz gilt nicht als ortsfester Funkbetrieb.

Prüfungsfrage VB108
Wie muss die Amateurfunkstelle DL1ZZZ ihr Rufzeichen in Frankreich nennen, wenn sie gerade von einem KFZ aus betrieben wird?

Antwort: F/DL1ZZZ/m.

Prüfungsfrage VB109
Für welche deutschen Funkamateure gilt die CEPT-Empfehlung T/R 61-01?

Antwort: Für Funkamateure mit Zulassungsklasse 1 und 2.

Prüfungsfrage VB110
Darf eine Amateurfunkstelle im Rahmen der Empfehlung CEPT T/R 61-01 auch an Bord eines Luftfahrzeuges betrieben werden?

Antwort: Nein.

Prüfungsfrage VB111
Darf ein Funkamateur mit deutschem Rufzeichen und zusätzlicher Genehmigung für den Betrieb im 6-m-Amateurfunkbereich auch im Gastland Amateurfunkverkehr auf dem 6-m-Band durchführen?

Antwort: Nicht grundsätzlich. Der Funkamateur hat sich generell an die Bestimmungen des Gastlandes im Rahmen seiner CEPT-Klasse zu halten.

Prüfungsfrage VB112
Welche CEPT-Klassen gibt es und welchen deutschen Amateurfunk-Zulassungsklassen entsprechen diese?

Antwort: Die CEPT-Klasse 1 entspricht der deutschen Zulassungsklasse 1, die CEPT-Klasse 2 entspricht der deutschen Zulassungsklasse 2.

Prüfungsfrage VB113
Ist der vorübergehende Betrieb einer Klubstation nach CEPT-Empfehlung T/R 61-01 in einem Land erlaubt, welches diese Empfehlung anwendet?

Antwort: Nein, der Betrieb einer Klubstation bedarf der Beantragung einer Gastgenehmigung.

Prüfungsfrage VB114 Sie hören die Amateurfunkstation mit dem Rufzeichen DL/G3MM. Welcher der nachfolgenden Sachverhalte trifft zu?

Antwort: Der englischen Station G3MM ist es aufgrund der CEPT-Empfehlung T/R 61-01 gestattet, vorübergehend von Deutschland aus den Amateurfunk auszuüben.

Prüfungsfrage VB115
Aufgrund welcher internationalen Regelung dürfen Funkamateure aus bestimmten Ländern ohne individuelle Gastzulassung vorübergehend in Deutschland den Amateurfunk ausüben?

Antwort: Aufgrund der Empfehlung T/R 61-01 der Europäischen Konferenz der Verwaltungen für Post- und Fernmeldewesen (CEPT).

Prüfungsfrage VB116
Welche internationale Organisation in Funkregion 1 hat ein Regelungswerk für die gegenseitige Erteilung von Betriebsrechten als Kurzzeitzulassungen erstellt?

Antwort: Die Europäische Konferenz der Verwaltungen für Post und Fernmeldewesen (CEPT).

Prüfungsfrage VB117
Welche Bedeutung hat die CEPT-Empfehlung T/R 61-01?

Antwort: Die Europäische Konferenz der Verwaltungen für Post und Fernmeldewesen empfiehlt damit den vorübergehenden Amateurfunkbetrieb ohne individuelle Gastzulassung für Funkamateure aus bestimmten Ländern zuzulassen.

Prüfungsfrage VB118
Welche der folgenden Aussagen ist richtig?

Antwort: Auch Nicht-CEPT-Länder können den CEPT-Empfehlungen T/R 61-01 oder T/R 61-02 beitreten und diese anwenden.

CEPT-Empfehlung T/R 61-02 (HAREC)

Die im vorigen Abschnitt besprochene CEPT-Empfehlung T/R 61-**01** wurde geschaffen, um die Amateurfunkgenehmigungen gegenseitig anzuerkennen und berechtigt im Anerkennungsfall den Funkamateur zur Durchführung von Amateurfunkbetrieb für den vorübergehenden Aufenthalt in den entsprechenden CEPT-Ländern.

Die CEPT-Empfehlung T/R 61-**02** ist ein Regelungswerk für die gegenseitige Anerkennung einer so genannten harmonisierten Prüfungsbescheinigung (Harmonized Amateur Radio Examination Certificate, HAREC). Mit dieser Prüfungsbescheinigung kann ein Funkamateur in den CEPT-Ländern, welche die HAREC-Bescheinigung anerkennen, eine Zulassung zum Amateurfunkdienst ohne Prüfung beantragen. Diese Zulassung (Lizenz) wird notwendig, wenn man sich länger als drei Monate in dem Gastland aufhält.

Prüfungsfrage VB201
Welche der folgenden Antworten ist richtig?
Eine "HAREC" ist eine harmonisierte ...

Richtige Ergänzung:
... Amateurfunk-Prüfungsbescheinigung.

Prüfungsfrage VB202
Welche deutschen Amateurfunkzeugnisklassen entsprechen harmonisierten CEPT-Prüfungsbescheinigungen?

Antwort:
Klasse 1 = HAREC-Stufe A,
Klasse 2 = HAREC-Stufe B,
Klasse 3 = keine HAREC-Stufe.

Prüfungsfrage VB203
Welche internationale Organisation in Funkregion 1 hat ein Regelungswerk für die gegenseitige Anerkennung einer harmonisierten Prüfungsbescheinigung erstellt?

Antwort:
Die Europäische Konferenz der Verwaltungen für Post und Fernmeldewesen (CEPT).

Prüfungsfrage VB204
Wozu berechtigt eine HAREC?

Antwort:
Sie berechtigt zur Beantragung einer Zulassung zum Amateurfunkdienst.

Prüfungsfragen VB205, VB206
Was ist eine HAREC?

Antwort:
Ein Harmonized Amateur Radio Examination Certificate, das heißt eine in der CEPT gemäß Empfehlung T/R 61-02 harmonisierte Amateurfunk-Prüfungsbescheinigung.

Lektion 12: Amateurfunkgesetz

In den Lektionen 10 und 11 haben Sie das für den Amateurfunk wichtige internationale Recht kennen gelernt. Dieses internationale Recht wird in den einzelnen Ländern in nationales Recht mit entsprechenden Ausführungsbestimmungen umgesetzt. Das wichtigste nationale Gesetz für Deutschland ist das Amateurfunkgesetz AFuG mit den zugehörigen Verordnungen AFuV.

Das Amateurfunkgesetz ist ursprünglich von 1949, wurde aber neu gefasst und am 16.5.1997 vom Bundestag beschlossen. Es regelt die Voraussetzungen und die Bedingungen für die Teilnahme am Amateurfunkdienst.

Prüfungsfrage VC103
Welches Gesetz regelt den Amateurfunkdienst in Deutschland?

Antwort: Das Amateurfunkgesetz.

Prüfungsfrage VC101
Nach welcher Rechtsgrundlage ist der Amateurfunk in Deutschland allgemein geregelt?

Antwort: Nach dem Amateurfunkgesetz und der Amateurfunkverordnung.

Prüfungsfrage VC102
Welches Gesetz regelt die Voraussetzungen und die Bedingungen für die Teilnahme am Amateurfunkdienst?

Antwort: Gesetz über den Amateurfunk

Im Amateurfunkgesetz ist festgelegt, dass die Regulierungsbehörde für Telekommunikation und Post die Kontrolle des Amateurfunkverkehrs übernimmt.

Beantworten Sie in diesem Zusammenhang die **Prüfungsfragen VC104** und **VC105**.

Im Paragraf 2 des Amateurfunkgesetzes ist definiert, was man unter „Funkamateur", unter „Amateurfunkdienst" und unter einer „Amateurfunkstelle" versteht. Darauf beziehen sich auch die folgenden Prüfungsfragen. Deshalb sollen direkt die Antworten auf die Prüfungsfragen zum Erlernen dieser Definitionen dienen.

Prüfungsfrage VC107
Wie ist der Begriff "Funkamateur" nach dem Amateurfunkgesetz (AFuG) zu verstehen?

Antwort: Ein Funkamateur ist der Inhaber eines Amateurfunkzeugnisses oder einer harmonisierten Prüfungsbescheinigung, der sich mit dem Amateurfunkdienst aus persönlicher Neigung und nicht aus gewerblich-wirtschaftlichem Interesse befasst.

Ähnlich ist die Prüfungsfrage VC108.

Prüfungsfrage VC109
Nach dem Amateurfunkgesetz ist eine Amateurfunkstelle eine Funkstelle, ...

Antwort: ... die aus einer oder mehreren Sendefunkanlagen und Empfangsfunkanlagen einschließlich der Antennenanlagen und der zu ihrem Betrieb erforderlichen Zusatzeinrichtungen besteht, und die auf mindestens einer der im Frequenznutzungsplan für den Amateurfunkdienst ausgewiesenen Frequenzen betrieben werden kann.

Prüfungsfrage VC106
Mit welchen anderen Funkstellen darf der Funkamateur Funkverkehr abwickeln?

Antwort: Nur mit anderen Amateurfunkstellen darf der Funkamateur Funkverkehr abwickeln.

Dies ist wichtig zu beachten. Sie dürfen mit Ihrer Amateurfunkstation auch nicht mit CB-Funk-Stationen oder mit den im 70-cm-Band arbeitenden LPD-Funkanwendern Kontakt aufnehmen.

Bearbeiten Sie in diesem Zusammenhang die Prüfungsfragen **VC110, VC111** und **VC142**.

Nach dem Amateurfunkgesetz darf ein Funkamateur also nur mit anderen Funkamateuren Kontakt aufnehmen. Er darf auch keine Nachrichten, die für „Dritte" bestimmt sind, weitergeben - außer in Notfällen.

Prüfungsfrage VC112
Darf ein Funkamateur Nachrichten, die nicht den Amateurfunkdienst betreffen, für und an Dritte übermitteln?

Ja, in Not- und Katastrophenfällen.

Nach dem AFuG dient der Amateurfunkdienst ausschließlich zur Ausübung des Amateurfunks aus persönlicher Neigung und nicht aus gewerblich-wirtschaftlichen Interessen. Es dürfen keine Inhalte religiöser oder politischer Art übermittelt werden. Auch darf der Amateurfunk nicht zum Übertragen rundfunkähnlicher Darbietungen genutzt werden.

Prüfungsfrage VC114
Wozu dient der Amateurfunkdienst nach dem AFuG?

Antwort: Zur Ausübung des Amateurfunks aus persönlicher Neigung und nicht aus gewerblich-wirtschaftlichen Interessen.

Bearbeiten Sie die Prüfungsfragen **VC115, VC116** und **VC120**!

In den (falschen) Antworten zu folgender Prüfungsfrage steht recht gut beschrieben, was man im Amateurfunk nicht darf.

Prüfungsfrage VC119
Welchen Zwecken dient nach dem Amateurfunkgesetz (AFuG) der Amateurfunkdienst?
a) Zur eigenen Weiterbildung der Funkamateure und zur Völkerverständigung. Zur Unterstützung von Hilfsaktionen in Not- und Katastrophenfällen.
b) Als Versuchsfunk zur technischen Fortentwicklung von Funkanlagen. Zur eigenen Weiterbildung mit gewerblich wirtschaftlichem Interesse.
c) Als Vorführfunk zu Demonstrationszwecken. Der Unterstützung von Sicherheitsdiensten (Polizei, Feuerwehr, DLRG usw.).
d) Für freizügige Funkexperimente bei Ausbildungen. Zur Vermeidung von illegalen Funkspektrumsnutzungen in anderen Frequenzbereichen.

Richtige **Antwort**: a

Im Amateurfunkgesetz steht auch drin, dass man zur Ausübung des Amateurfunkdienstes eine Zulassung benötigt. Eine Zulassung besteht darin, dass man entweder ein personengebundenes Rufzeichen, ein Rufzeichen für den Ausbildungsfunkbetrieb, für eine automatisch arbeitende Amateurfunkstelle oder für Klubstationen zugeteilt bekommen hat. Siehe Prüfungsfrage **VC127**!

Eine solche Zulassung kann nur beantragt werden, wenn vorher eine fachliche Prüfung für das Amateurfunkzeugnis abgelegt wurde. Auch das ist im AFuG festgelegt. Für die Vorbereitung auf diese Prüfung wurde vorliegendes Buch sowie die anderen Bücher „Amateurfunklehrgang" geschrieben.

Prüfungsfrage VC122
Unter welchen Voraussetzungen darf eine Amateurfunkstelle durch einen Funkamateur betrieben werden?

Antwort: Nach Zulassung zur Teilnahme am Amateurfunkdienst und der Zuteilung eines Rufzeichens.

Um zur Prüfung für das Amateurfunkzeugnis zugelassen zu werden, muss man seinen Wohnsitz in Deutschland haben. Es gibt keine Altersbeschränkung mehr. Man braucht nicht deutscher Staatsangehöriger zu sein. Allerdings muss man Deutsch verstehen können, wenn man die Prüfung machen möchte. Ausländische Funkamateure, die also im Ausland ihr Amateurfunkzeugnis erworben haben und keinen ständigen Wohnsitz in Deutschland haben, dürfen bis zu drei Monaten eine Amateurfunkstelle in Deutschland betreiben.

Prüfungsfrage VC121
Wer kann nach dem Amateurfunkgesetz 1997 auf Antrag zur fachlichen Prüfung für Funkamateure zugelassen werden?

Antwort: Nur natürliche Personen mit Wohnsitz in Deutschland.

Im Amateurfunkgesetz steht drin, dass die Anerkennung ausländischer Amateurfunk-Prüfungsbescheinigungen (zum Beispiel harmonisierte Amateurfunkprüfungsbescheinigung HAREC) in einer Verordnung geregelt wird. Dies wird Thema der nächsten Lektion sein, in der es um die Verordnung zum Amateurfunkgesetz (AFuV) geht. Damit können ausländische Funkamateure, die einen Wohnsitz in Deutschland haben, ohne deutsche Prüfung eine Zulassung beantragen.

Prüfungsfrage VC123
Welches der nachfolgend genannten Dokumente benötigt man, um ein Funkamateur im Sinne des Amateurfunkgesetzes (AFuG) zu sein?

Antwort: Ein Amateurfunkzeugnis oder eine harmonisierte Amateurfunkprüfungsbescheinigung.

Es sei hier noch einmal zusammengefasst: Man darf den Amateurfunkbetrieb erst aufnehmen, nachdem man erfolgreich eine Prüfung abgelegt hat und zweitens eine Zulassung zur Teilnahme am Amateurfunk bekommen hat. Früher hat man diese Zulassung einfach „Lizenz“ genannt.

Prüfungsfrage VC124, 134, 140
Was ist neben einer erfolgreich abgelegten Amateurfunkprüfung unbedingt erforderlich, bevor der praktische Amateurfunkbetrieb aufgenommen werden darf?

Antwort: Eine Zulassung zur Teilnahme am Amateurfunk.

Prüfungsfrage VC125, VC126
Ist die Erteilung einer Amateurfunkzulassung von einem Mindestalter abhängig?

Antwort: Nein, das AFuG sieht kein Mindestalter vor.

Prüfungsfrage VC129
Darf ein Funkamateur seine Zulassung zur Teilnahme am Amateurfunkdienst unter besonderen Umständen vorübergehend einer anderen Person übertragen?

Antwort: Nein, die Zulassung ist an die in der Zulassungsurkunde angegebene Person gebunden.

Zum Missbrauch seien noch ein paar Worte gesagt. Ich habe einmal von einem Funkamateur gehört, der nebenberuflich Funkgeräte und Antennen verkaufte. Seinem Fahrer, der ebenfalls Funkamateur war, gab er unterwegs Anweisungen, wohin er fahren sollte und so weiter. Diesen Funkamateuren hat man die Zulassung wieder entzogen.

Prüfungsfrage VC130, VC138
Wann handelt ein Funkamateur ordnungswidrig im Sinne des Amateurfunkgesetzes?

Antwort: Beim Betrieb zum geschäftsmäßigen Erbringen von Telekommunikationsdiensten.

Prüfungsfrage VC128, VC135
Kann ein zugeteiltes Rufzeichen durch die Regulierungsbehörde geändert werden?

Antwort: Ja, wenn wichtige Gründe dazu bei der Behörde vorliegen.

Ein Funkamateur kann auch mit Bußgeld belegt werden, wenn er Nachrichten, die nicht für ihn bestimmt sind an Dritte weiter gibt.

Prüfungsfragen VC132
Ein Funkamateur übermittelt unter Benutzung seiner Amateurfunkstelle rechtswidrig Nachrichten an Dritte. Wie hoch kann das Bußgeld für diese Ordnungswidrigkeit sein?

Antwort: Bis zu 5 000 EURO.

Prüfungsfrage VC133, VC145
Unter welchen Voraussetzungen kann einem Funkamateur die Zulassung zur Teilnahme am Amateurfunkdienst widerrufen werden?

Antwort: Bei fortgesetztem Verstoß gegen das Amateurfunkgesetz AFuG oder gegen die Amateurfunkverordnung AFuV.

Prüfungsfrage VC136
Die Regulierungsbehörde kann bei Verstößen gegen das AFuG oder gegen auf Grund des AFuG erlassene Rechtsverordnungen ...

Richtige Ergänzung: ... eine Einschränkung des Betriebes oder die Außerbetriebnahme der Amateurfunkstelle anordnen.

Prüfungsfrage VC137, VC144
Was hat ein Funkamateur mit zugeteiltem Rufzeichen zu erwarten, wenn er fortgesetzt gegen das Amateurfunkgesetz oder die Amateurfunkverordnung verstößt?

Antwort: Widerruf der Zulassung.

Ein Funkamateur darf nicht nur seine Geräte selber bauen, er darf auch im Handel käufliche Geräte, die nicht für den Amateurfunk gedacht waren, für die Anwendung im Amateurfunk umbauen. Im Unterschied dazu sollte man wissen, dass CB-Funker nur „baumustergeprüfte“ Funkgeräte benutzen und an diesen Geräten auch keine Änderungen durchführen dürfen. Sie erkennen diese Rechte sehr gut an den nicht zutreffenden Antworten der folgenden Prüfungsfrage. Die Antwort a gilt für CB-Funkgeräte und alle anderen Antworten gelten für Amateurfunkgeräte. Dies ist der Hauptunterschied zwischen CB-Funk und Amateurfunk.

Prüfungsfrage VC139
Welcher der nachfolgenden Sätze, trifft auf Amateurfunkstellen *nicht* zu?
a) Eine Amateurfunkstelle darf nur aus Baumuster geprüften Funkgeräten bestehen.
b)Eine Amateurfunkstelle besteht aus einer oder mehreren Sende- und Empfangsfunkanlagen.
c)Eine Amateurfunkstelle besteht unter anderem auch aus den zu ihrem Betrieb erforderlichen Zusatzeinrichtungen.
d)Eine Amateurfunkstelle muss mindestens auf einer im Frequenznutzungsplan für den Amateurfunk ausgewiesenen Frequenzen betrieben werden können.

Im Paragraf 7 des Amateurfunkgesetzes steht etwas über die Schutzanforderungen und über die Vorschriften des Gesetzes über elektromagnetische Verträglichkeit (EMV) geschrieben.

Danach kann der Funkamateur die Störfestigkeit der Geräte seiner Amateurfunkstelle selbst bestimmen, muss die grundlegenden Anforderungen zum Schutz von Personen einhalten und muss Berechnungsunterlagen und ergänzende Messprotokolle in Bezug auf die EMVU vorlegen. Er braucht vor Betriebsaufnahme für seine Amateurfunkstelle keine Standortbescheinigung, wie diese von kommerziellen Funkdiensten verlangt wird. Siehe hierzu die Prüfungsfrage VC143!

Prüfungsfrage VC148
Aus welcher Vorschrift ergibt sich die Pflicht, die Personenschutzgrenzwerte zu dokumentieren?

Antwort: Aus dem Amateurfunkgesetz.

Das zugeteilte Rufzeichen ist weltweit einmalig. Sie behalten es normalerweise lebenslang. Überlegen Sie also gut, wenn Sie ein Rufzeichen auswählen, ob man es vielleicht schlecht verstehen kann, ob es sich auch in Morsetelegrafie gut geben lässt und ob es nicht vielleicht international diese Buchstaben als bekannte Abkürzung gibt.

Ihr Rufzeichen müssen Sie immer am Anfang und am Ende einer Funkverbindung nennen und zusätzlich mindestens alle zehn Minuten.

Prüfungsfrage VD210, VD120
Wann muss beim Amateurfunkverkehr das zugeteilte Rufzeichen übermittelt werden?

Antwort: Bei Beginn und Ende jeder Funkverbindung sowie mindestens alle 10 Minuten während des Funkverkehrs.

Die Regulierungsbehörde gibt eine Rufzeichenliste heraus, in der alle deutschen Rufzeichen enthalten sind. Man wird bei der Beantragung des Rufzeichens (Zulassung) gefragt, ob auch der Name und die Anschrift in dieser Liste veröffentlicht werden darf. Normalerweise lässt man es zu. Die zugeteilten Rufzeichen stehen auf jeden Fall in der Liste.

Prüfungsfrage VD124
Welche Daten sind in der offiziellen Rufzeichenliste der Regulierungsbehörde immer enthalten?

Antwort: Alle zugeteilten Rufzeichen.

Welche Präfixe für welche Klassen oder für welche Art von Amateurfunkstationen zugeteilt werden, wurde bereits ausführlich in der Lektion 3 im Rahmen der Betriebstechnik besprochen. Schauen Sie sich bitte noch einmal die Anlage 4 zur AFuV an!

Prüfungsfrage VD209
Wie werden Amateurfunkrufzeichen in der Bundesrepublik Deutschland gebildet?

Antwort: Amateurfunkrufzeichen bestehen aus einem zweistelligen Präfix (Landeskenner), einer Ziffer und einem ein-, zwei- oder dreistelligen Suffix.

Bearbeiten Sie nun die Prüfungsfragen **VD202** bis **VD205** und **VD207**, indem Sie jeweils die Nutzungsart und die Klasse den folgenden Rufzeichen zuordnen.
DO3ZZZ
DJ7ZZZ
DF9ZZZ
DG0ZZZ
DB5ZZZ

Zur Lösung: Als Nutzungsart ist hier jeweils „personengebundenes Rufzeichen“ zu nennen. Sie müssen nur noch die richtige Klasse zuordnen.

Prüfungsfrage VD208
Zu welcher Nutzungsart und Klasse gehört das Rufzeichen DM1ZZZ?

Antwort: Personengebundenes Rufzeichen der Klasse 1 oder 2, keine genaue Bestimmung möglich.

Bearbeiten Sie nun die Prüfungsfragen **VD213** bis **VD216**, indem Sie jeweils die richtige Klasse den Rufzeichenblocks zuordnen.

DJ1...	bis DJ9...
DL1...	bis DL9...
DB1...	bis DB9...
DO1...	bis DO9...

Die richtigen Lösungen finden Sie natürlich im Fragenkatalog.

Ausbildungsfunkbetrieb

Erst seit einigen Jahren gibt es in Deutschland den so genannten Ausbildungsfunkbetrieb. Der Ausbildungsfunkbetrieb dient der freiwilligen praktischen Vorbereitung auf das Ablegen der fachlichen Prüfung für Funkamateure. Weitere Angaben finden Sie im Paragraf 13 der AFuV geregelt. Schauen Sie sich diesen Paragrafen an und beantworten Sie dann folgende Prüfungsfragen.

Prüfungsfrage VD212
Was trifft für die Rufzeichenreihe "DNØ... bis DN9..." zu?

Antwort: Rufzeichen für Ausbildungsfunkbetrieb.

Prüfungsfrage VD301
Von wem ist während des Ausbildungsfunkbetriebs das zugeteilte Ausbildungsrufzeichen zu benutzen?

Grundsätzlich nur vom Auszubildenden.

Prüfungsfrage VD302
Was ist bei der Durchführung von Ausbildungsfunkverkehr zu beachten?

Antwort: Vom Auszubildenden sind Angaben über den Funkverkehr schriftlich festzuhalten und vom Ausbilder zu bestätigen.

Prüfungsfrage VD303
Was ist u.a. im Zusammenhang mit der Durchführung von Ausbildungsfunkverkehr zu beachten?

Antwort: Der Ausbildungsfunkbetrieb darf nur im Umfang der Klasse des ausbildenden Funkamateurs durchgeführt werden.

Prüfungsfrage VD304
Wann ist mit dem Entzug eines Ausbildungsrufzeichens zu rechnen?

Antwort: Wenn das Ausbildungsrufzeichen in Abwesenheit des Ausbilders benutzt wird.

Prüfungsfrage VD305
Wann ist mit dem Entzug eines Ausbildungsrufzeichens zu rechnen?

Antwort: Wenn der Ausbildungsfunkverkehr in einem Frequenzbereich abgewickelt wird, der nicht der Zulassungsklasse des ausbildenden Funkamateurs entspricht.

Prüfungsfrage VD306 Ergänzen Sie: Nicht-Funkamateure dürfen am Ausbildungsfunkbetrieb ...

Antwort: nur unter unmittelbarer Anleitung und Aufsicht eines Funkamateurs mit zugeteiltem Ausbildungsrufzeichen teilnehmen.

Prüfungsfrage VD307
Beim Ausbildungsfunkbetrieb sind ...

Ergänzung: ... von dem Auszubildenden Angaben über den Funkbetrieb schriftlich festzuhalten.

Prüfungsfrage VD308
Kann der Inhaber einer Amateurfunkzulassung der Klasse 3 ein Ausbildungsrufzeichen zugeteilt bekommen?

Antwort: Ja, er darf die Auszubildenden aber nur im Rahmen der Klasse 3 ausbilden.

Prüfungsfrage VD309
Wird das Ausbildungsrufzeichen auf unbegrenzte Zeit erteilt?

Antwort: Nein, es ist auf 2 Jahre befristet.

Prüfungsfrage VD222
Werden von der Reg TP Ausbildungsrufzeichen für Klubstationen vergeben?

Antwort: Nein.

Besondere Amateurfunkstellen

Im Sinne der Amateurfunkverordnung sind besondere Amateurfunkstellen zum Beispiel Relaisfunkstellen, Digipeater, Klubstationen oder Amateurfunkstationen für besondere experimentelle Zwecke. Schauen Sie sich die Paragrafen 14 und 16 der AFuV und den zugehörigen Rufzeichenplan in der Anlage 4 zur AFuV an und beantworten Sie dann folgende Prüfungsfragen.

Prüfungsfrage VD218 Was trifft für die Rufzeichenreihe "DB0..." zu?

Antwort: Rufzeichen für Relaisfunkstellen oder Funkbaken.

Prüfungsfrage VD219 Was trifft für die Rufzeichenreihe "DF0..." zu?

Antwort: Rufzeichen für Relaisfunkstellen oder Funkbaken.

Prüfungsfrage VD220 Was trifft für die Rufzeichenreihe "DA0..." zu?

Antwort: Rufzeichen für Kurzzeitklubstationen.

Prüfungsfrage VD206
Zu welcher Nutzungsart und Klasse gehört das Rufzeichen DL0ZZZ?

Richtige Antwort: Es ist eine Klubstation der Klasse 1.

Prüfungsfrage VD221 Was trifft für das Rufzeichen "DA5AA" zu?

Antwort: Rufzeichen nach § 16 der Amateurfunkverordnung.

Diesen Begriff „Amateurfunkstation nach § 16 der AFuV“ sollten Sie sich tatsächlich merken für diese Amateurfunkstationen für besondere experimentelle Zwecke. Siehe Prüfungsfragen **VD139** bis **VD142**!

Zu solchen Amateurfunkstationen gehören beispielsweise derzeit die Pactor Gateway Stationen auf Kurzwelle, die es ermöglichen, auf Kurzwelle in das VHF/UHF Packet Radio Netz zu gelangen oder Mails in Boxen abzulegen.

Prüfungsfrage VD404
Was ist nötig, damit ein Funkamateur das Rufzeichen einer Klubstation mitbenutzen darf?

Antwort: Er muss Inhaber einer Zulassung zum Amateurfunkdienst sein.

Prüfungsfrage VD405 Wovon sind die Betriebsrechte eines Funkamateurs bei der Mitbenutzung eines Klubstationsrufzeichens abhängig?

Antwort: Von seiner Zulassung zur Teilnahme am Amateurfunkdienst.

Die Antwort auf die Frage VD405 ist ja noch einigermaßen verständlich. Auf „gut deutsch“ bedeutet es, dass er im Besitz einer „Amateurfunklizenz“ sein muss. Aber sehen Sie sich einmal die gleiche Fragestellung mit folgender Antwort zu VD406 an!

Prüfungsfrage VD406 Wovon sind die Betriebsrechte eines Funkamateurs bei der Mitbenutzung eines Klubstationsrufzeichens abhängig?

Antwort: Von seiner Zulassung zur Teilnahme am Amateurfunkdienst nach AFuG § 3 Abs. 1.

Kommentar dazu: Ich wäre nicht darauf gekommen, dass diese Antwort „nach AFuG § 3 Abs. 1“ eigentlich bedeutet: Er muss eine „Lizenz“ (Zulassung zum Amateurfunkdienst) haben.

Also: Merken!

Prüfungsfrage VD402
Welche Voraussetzung muss für die Erteilung eines Rufzeichens für den Betrieb einer Klubstation erfüllt sein?

Auch hier diese **Antwort** mit dem Paragrafen: Eine Zulassung zum Amateurfunkdienst nach AFuG § 3 Abs. 1.

Prüfungsfrage VD403
Welche Voraussetzungen müssen nicht für die Erteilung eines Rufzeichens für den Betrieb einer Klubstation erfüllt sein?

Stimmt folgende (falsche) **Antwort**? „Koordinierte Frequenzen nach AFuV §14 Abs.4"? Schauen Sie doch bitte mal nach!

Prüfungsfrage VD118
Was ist im Sinne des §14 der Verordnung unter dem Begriff "Besondere Amateurfunkstelle" zu verstehen?

Antwort: Fernbediente und automatisch arbeitende Amateurfunkstellen, Klubstationen, sowie sonstige Amateurfunkstellen für spezielle experimentelle Zwecke.

Prüfungsfrage VD126
Besondere Amateurfunkstellen im Sinne der Amateurfunkverordnung sind...

Ergänzung: ... fernbediente oder automatisch arbeitende Amateurfunkstellen, Klubstationen sowie sonstige Amateurfunkstellen für spezielle experimentelle Zwecke.

Prüfungsfrage VD407
Welcher der genannten Funkamateure darf an einer Klubstation der Zuteilungsklasse 1 Funkbetrieb unterhalb 30 MHz durchführen?

Antwort: Deutsche Funkamateure mit CEPT-Klasse 1 und 2.

Prüfungsfrage VD408
Darf ein Funkamateur mit Ausbildungsrufzeichen der Zuteilungsklasse 3 an einer Klubstation, für deren Betrieb ein Rufzeichen der Klasse 1 zugeteilt wurde, ausbilden?

Antwort: Ja, mit dem Ausbildungsrufzeichen im Rahmen der damit verbundenen Betriebsrechte der Klasse°3.

Prüfungsfrage VD409
Welche der folgenden Aussagen ist richtig?

Antwort: Die Rufzeichenzuteilung für eine Klubstation endet mit dem Verzicht auf die Zulassung zum Amateurfunkdienst.

Diese Antwort zu verstehen, ist nicht gerade einfach. Es bedeutet mit einfachen Worten: Wenn der für die Klubstation verantwortliche Funkamateur die „Lizenz" zurückgibt, gibt es das Klubstationsrufzeichen auch nicht mehr.

Es gibt noch andere Möglichkeiten, die Rufzeichenzuteilung für die Klubstation zu beenden, wie Sie es in folgenden nicht zutreffenden Antworten der Prüfungsfrage VD410 finden.

VD410 b) Die Rufzeichenzuteilung für eine Klubstation kann mit dem Widerruf der Benennung durch den Leiter der Amateurfunkvereinigung beendet werden. d) Die Rufzeichenzuteilung für eine Klubstation endet, wenn die den Funkamateur benennende Amateurfunkvereinigung sich aufgelöst hat.

Prüfungsfrage VD411 Welche der folgenden Aussagen ist richtig?

Die Rufzeichenzuteilung für eine Klubstation kann nicht auf einen anderen Funkamateur übertragen werden.

Relaisfunkstellen und Funkbaken

Relaisfunkstellen werden meistens von privaten Amateurfunkgruppen gebaut und gepflegt, damit in ihrer Region bessere Verständigungsmöglichkeiten zwischen den Mobilstationen untereinander sowie zwischen Mobilstationen und Feststationen bestehen. Die betreuenden Funkamateure stecken außer ihrer Zeit häufig auch noch Geld hinein. Deshalb ist ein Missbrauch solcher Stationen wirklich nicht angebracht.

Zum Missbrauch zählen: Mutwillige Störungen oder unberechtigte Aussendungen, die Verbreitung von Inhalten, die gegen AFuG, AFuV oder gegen allgemeines Recht verstoßen und die Benutzung einer Relaisfunkstelle mit falscher Rufzeichenklasse.

> **Prüfungsfrage VD507**
> Was versteht man nicht unter dem Missbrauch einer Relaisfunkstelle?

Für Relaisfunkstellen gibt es besondere Vorschriften, die in den folgenden Prüfungsfragen vorgestellt werden sollen.

> **Prüfungsfrage VD501**
> Wie hoch ist die maximal zulässige Strahlungsleistung einer Relaisfunkstelle oberhalb 144 MHz?

Antwort: 15 Watt ERP.

> **Prüfungsfrage VD502**
> Welche der einschränkenden Auflagen gelten für Relaisfunkstellen?

Antwort: Ein durchlaufender Dauerbetrieb des Senders ist nicht zulässig.

> **Prüfungsfrage VD503**
> Welche der einschränkenden Auflagen gelten für Relaisfunkstellen?

Antwort: Das Rufzeichen der Relaisfunkstelle muss nach einer mehrminütigen Sendepause sowie mindestens alle 10 Minuten wiederholt werden.

> **Prüfungsfrage VD504**
> Welche der einschränkenden Auflagen gelten für Relaisfunkstellen?

Antwort: Die Relaisfunkstelle muss jederzeit durch den verantwortlichen Funkamateur abgeschaltet werden können.

> **Prüfungsfrage VD506**
> Wann kann ein verantwortlicher Funkamateur einen bestimmten Funkamateur vorübergehend vom Betrieb über die von ihm betreute Relaisfunkstelle ausschließen?

Antwort: Wenn festgestellt wurde, dass ein Funkamateur die Relaisfunkstelle missbraucht hat.

> **Prüfungsfragen VD509, VD510, VD511** Was ist notwendig, um verantwortlicher Funkamateur einer Relaisfunkstelle zu werden?

Richtige **Antworten** aus dem Fragenkatalog: Eine Zulassung zum Amateurfunkdienst nach AFuG § 3 Abs. 1, koordinierte Frequenzen für den Betrieb der Relaisfunkstelle, eine Rufzeichenzuteilung nach AFuV § 14 Abs. 4.

Diese etwas verklausuliert klingenden Sätze bedeuten „auf gut Deutsch“: Der verantwortliche Funkamateur muss sich zunächst mit der Koordinierungsstelle für den Betrieb von Relaisfunkstellen in Verbindung setzen, um herauszufinden, ob es für die gewünschte Region eine freie Frequenz gibt. Er muss natürlich eine „Lizenz“ haben. Er muss dann eine Zulassung beantragen.

Technische Anforderungen

Im Paragraf 15 des Amateurfunkgesetzes sind die technischen Anforderungen an die Amateurfunkstation zu finden. Zusammengefasst merken Sie sich folgende Sätze.

- Die Amateurfunkstation muss nach den allgemein anerkannten Regeln der Technik (VDE) eingerichtet sein.
- Die unerwünschten Ausstrahlungen sind auf das geringst mögliche Maß zu beschränken Dazu gibt es noch genaue Angaben aus der alten DV-AFuG.
- Die Senderanlage einer Amateurfunkstelle muss so gebaut sein, dass eine Reduzierung der abgestrahlten Leistung jederzeit möglich ist.
- Auf Anforderung der RegTP hat der Funkamateur technische Unterlagen über seine Sendeanlage sowie eine Skizze über die örtliche Anordnung der ortsfesten Antennenanlage anzufertigen und bereit zu halten.
- Abgleicharbeiten und Messungen an Sendern sind an einem Abschlusswiderstand durchzuführen.
- Der Amateurfunkverkehr ist in offener Sprache abzuwickeln.

Aus diesen sechs Sätzen lässt sich eine Menge von Prüfungsfragen ableiten.

Prüfungsfragen VD101 bis **VD107**
In welcher Sprache darf der Amateurfunkverkehr durchgeführt werden?

Antwort: In offener Sprache. Q-Gruppen und gebräuchliche Betriebsabkürzungen gelten nicht als Verschlüsselung.

Prüfungsfragen VD121, VD122
Welche technischen Anforderungen stellt die Amateurfunkverordnung u.a. an eine Amateurfunksendeanlage?

Antwort VD121: Es muss jederzeit eine Reduzierung der abgestrahlten Leistung möglich sein

Antwort VD122: Die Amateurfunkstelle ist nach den allgemein anerkannten Regeln der Technik einzurichten und zu unterhalten.

Prüfungsfrage VD123
Wann hat ein Funkamateur gemäß der Amateurfunkverordnung technische Unterlagen über seine Amateurfunkstelle für die Regulierungsbehörde anzufertigen und bereitzuhalten?

Antwort: Auf Anforderung der Reg TP.

Prüfungsfrage VD130
Was ist bei Abgleicharbeiten und Messungen an Sendern im Hinblick auf die Aussendung zu beachten?

Antwort: Sie sind an einem Abschlusswiderstand durchzuführen.

Prüfungsfrage VD129 Wo sind die Rahmenbedingungen in Bezug auf die maximal zulässige Sender- bzw. Strahlungsleistung und die erlaubten Frequenzbereiche zu finden?

Antwort: In der Amateurfunkverordnung und in der DV-AFuG Anlage 1.

Prüfungsfrage VD131
Welche Richtwerte gelten gemäß DV-AFuG bei Sendern unter 30 MHz für die Dämpfung bzw. den Maximalpegel unerwünschter Ausstrahlungen?

Antwort: Es gilt eine Dämpfung um mindestens 40 dB bei einer mittleren Senderleistung über 25 W und eine Pegelobergrenze von nicht mehr als +4 dBm (2,5 mW) bei einer mittleren Senderleistung unter 25 W.

Prüfungsfrage VD132
Welche Richtwerte gelten gemäß DV-AFuG bei Sendern über 30 MHz für die Dämpfung bzw. den Maximalpegel unerwünschter Ausstrahlungen?

Antwort: Es gilt eine Dämpfung um mindestens 60 dB bei einer mittleren Senderleistung über 25 W und eine Pegelobergrenze von nicht mehr als -16 dBm (25 µW) bei einer mittleren Senderleistung unter 25 W.

Im § 16 der alten DV-AFuG wurden noch die absoluten Leistungen der Nebenausstrahlungen genannt. Rechnen wir einmal die -16 dBm in eine absolute Leistung um.

0 dBm sind 1 mW
-10 dBm sind 0,1 mW (-10 dB = $^1/_{10}$)
-16 dBm sind 0,025 mW (-6 dB = ¼)

In folgender Tabelle sind die erforderlichen Dämpfungswerte noch einmal übersichtlich zusammengefasst.

Senderleistung	geforderte Dämpfungswerte	
	unter 30 MHz	über 30 MHz
über 25 W	mindestens 40 dB	mindestens 60 dB
unter 25 W	kleiner +4 dBm	kleiner -16 dBm

Prüfungsfrage VD133
Welche Störstrahlungsleistung darf der Empfänger einer Amateurfunkstelle gemäß DV-AFuG nicht überschreiten?

Antwort: -54 dBm (4 x 10-9 Watt) in den Ton- und Fernsehrundfunkbereichen.

Prüfungsfrage VD138
Ist das Aussenden des unmodulierten oder ungetasteten Trägers zulässig?

Antwort: Ja, kurzzeitig, zum Beispiel zum Abstimmen.

Frequenznutzungsplan

Hier folgt das schwierigste Kapitel der gesetzlichen Bestimmungen überhaupt. Sie müssen nun jede Menge Daten lernen. Das Wichtigste sind die Anfangs- und Endfrequenzen aller Amateurfunkbänder. Dazu aber müssen Sie die für die einzelnen Klassen erlaubten Leistungen und auch die in den Bändern erlaubten Betriebsarten in ihren Kurzbezeichnungen können. Im Prinzip ist es die komplette Tabelle im Anhang 12 der DV-AFuG „Frequenznutzungsmöglichkeiten im Amateurfunkdienst“.

Für die Praxis später an der Funkstation sollte man diese Tabelle oder besser noch den IARU-Bandplan im Shack hängen haben. Siehe Lektion 5: IARU-Bandpläne!

Prüfungsfrage VE101 Was ist unter dem amtlichen Begriff "Frequenznutzungsplan" zu verstehen?

Antwort: Ein von der Regulierungsbehörde aufgestellter Plan, in welchem für das Funkfrequenzspektrum alle Nutzungsmöglichkeiten im Einzelnen enthalten sind.

Prüfungsfrage VE150
Wodurch werden in Deutschland die Frequenzbereiche geregelt?

Antwort: Durch den Frequenzbereichszuweisungsplan und Frequenznutzungsplan.

Prüfungsfrage VE102
Wo wird die Zuteilung der für den Amateurfunkdienst in Deutschland ausgewiesenen Frequenzen geregelt?

Antwort: Im Frequenznutzungsplan.

Prüfungsfrage VE111
Darf ein Funkamateur in Deutschland alle in der VO Funk für den Amateurfunkverkehr zugewiesenen Frequenzbereiche benutzen?

Antwort: Nein, es dürfen nur Frequenzen genutzt werden, die durch nationale Regelungen umgesetzt wurden.

Prüfungsfrage VE103 Wer legt in Deutschland die Bereiche für die unterschiedlichen Sendearten in den Amateurfunkbändern verbindlich fest?

Antwort: Zurzeit gibt es keine gesetzliche Festlegung einzelner Bereiche. Die IARU gibt jedoch Empfehlungen für die Nutzung heraus (IARU-Bandpläne).

Aufgabe
Lernen Sie nun aus dem Frequenznutzungsplan der Anlage 12 zur DV-AFuG die Anfangs- und Endfrequenzen aller Kurzwellenbänder (besser Lektion 5, Seiten 29/30) auswendig und beantworten Sie dann die **Prüfungsfragen VE118** bis **VE127.**

Wenn Sie bei der Beantwortung dieser Fragen keine Probleme haben, sind Sie sehr gut! Allerdings ist ja im Fragenkatalog immer die Antwort a richtig. Sie sollten zur Überprüfung Ihres Könnens alle Lösungen zuhalten und den Frequenzbereich auf einen separaten Zettel schreiben oder laut sagen. Lassen Sie sich von jemandem abfragen!

Aufgabe
Lernen Sie nun aus dem Frequenznutzungsplan der Anlage 12 zur DV-AFuG die zu den einzelnen KW-Bändern zugelassenen Leistungen und beantworten Sie dann die **Prüfungsfragen VE106, VE128** bis **VE133.**

Aufgabe
Lernen Sie nun aus dem Frequenznutzungsplan der Anlage 12 zur DV-AFuG die Anfangs- und Endfrequenzen der Bänder 6-m-, 13-cm-, 23-cm-Band (siehe auch S.30) und beantworten Sie dann folgende **Prüfungsfragen VE115, VE116, VE117**

Die Anfangs- und Endfrequenzen der anderen UHF-Bänder brauchen Sie nicht auswendig zu lernen. Das wird in der Prüfung nicht verlangt. Sie schlagen es später im IARU-Bandplan nach.

Sie wissen aus der Betriebstechnik Lektion 5, dass man im Kurzwellenbereich zwischen den „konventionellen“ und den WARC-Bändern unterscheidet. Siehe auch Bandplan S.29!

Prüfungsfrage VE148
Welche Bänder werden als WARC-Bänder bezeichnet?

Antwort: 10,1-10,15 MHz, 18,068-18,168 MHz und 24,890-24,990 MHz.

Prüfungsfrage VE147
Welche Senderspitzenleistung ist derzeit auf den so genannten WARC-Bändern zulässig?

Antwort: 150 Watt bzw. in den neuen Bundesländern 300 Watt auf 10,1 MHz, sonst 750 Watt.

Aufgabe
Lernen Sie nun aus dem Frequenznutzungsplan der Anlage 12 zur DV-AFuG die zu den einzelnen UKW-Bändern zugelassenen Leistungen und beantworten Sie dann die **Prüfungsfragen VE134** bis **VE138** sowie **VE108** und **VE109.**

Nun gilt es noch die Begriffe „Status Primärfunkdienst“ und „Status Sekundärfunkdienst“ unterscheiden zu lernen und diese den einzelnen Amateurfunkbändern zuzuordnen. Siehe auch wieder Seiten 29/30!

Bei einigen Bändern, die der Amateurfunk nutzen darf, gibt es auch andere Nutzer. Bei manchen Bändern ist der Amateurfunk bevorrechtigt beziehungsweise hat den so genanten Status „weitgehend exklusiv“. Bei anderen Bändern sind die anderen Nutzer bevorrechtigt, das heißt sie haben den Primärstatus“ und der Amateurfunk hat den „Sekundärstatus“. Aber auch bei den mit „weitgehend exklusiv“ gekennzeichneten Bändern muss die Nutzung durch militärische Funkdienste hingenommen werden.

Aufgabe
Schauen Sie sich aus dem Frequenznutzungsplan der Anlage 12 zur DV-AFuG den zu den einzelnen Bändern jeweils angegebenen Status an und beantworten Sie dann die **Prüfungsfragen VE140** bis **VE146**.

Außerdem gibt es den so genannten ISM-Bereich. Das ist der Frequenzbereich 433,05 bis 434,79 MHz, der von Hochfrequenzgeräten für industrielle, wissenschaftliche und medizinische Zwecke benutzt wird. Siehe Prüfungsfragen **VE114** und **VE149**!

Die Sendearten

Im Anhang 13 zur DV-AFuG finden Sie die offiziellen Bezeichnungen der Aussendungen von Sendern, die so genannten Sendearten. Sie kennen die Bezeichnung SSB-Telefonie. Diese Sendeart wird beispielsweise mit J3E bezeichnet. Es soll nun ein wenig „Systematik“ in dieses Kennzeichnungssystem gebracht werden.

Insgesamt werden die Aussendungen mit einem neunstelligen Code gekennzeichnet, wobei die ersten vier Stellen für die Bandbreite vorgesehen ist, die folgenden drei Stellen geben die eigentliche Sendeart an und dann können noch zwei weitere Stellen für Signaleinzelheiten folgen. In der Regel genügt es für die Sendeart die *drei* grundlegenden Kennzeichen anzugeben.

Für den Amateurfunk genügt es, folgende grundlegende Kennzeichen zu wissen. Der *erste* Buchstabe bedeutet die Modulationsart.

N	unmodulierter Träger
A	Zweiseitenband-AM
C	Restseitenband
F	Frequenzmodulation
J	SSB
P	Pulsmodulation

Das *zweite* Kennzeichen ist für die Signalart, die den Hauptträger moduliert.

0	kein moduliertes Signal
1	ein Kanal mit quantisierter oder digitaler Information ohne moduliertem Hilfsträger
2	ein Kanal mit quantisierter oder digitaler Information mit moduliertem Hilfsträger
3	Ein Kanal mit analoger Information

Das *dritte* Kennzeichen ist für die übertragene Information.

N	keine Information
A	Morsetelegrafie CW
B	Funkfernschreiben RTTY
C	Faksimile FAX
D	Datenübertragung, Fernsteuerung
E	Sprechfunk
F	Fernsehen, Video

Anhand von Beispielen soll das Prinzip der Kennzeichnung einer Sendeart im Amateurfunk erläutert werden.

A1A beispielsweise steht für normales Morsen, wobei man den Träger einfach ein- und ausschaltet. Der Träger ändert also seine Amplitude (AM). Es ist eine digitale Information (ein, aus, lang, kurz) und es ist Morsetelegrafie.

Man kann Morsetelegrafie auch dadurch übertragen, dass man einen Ton ein- und ausschaltet und diesen Ton (Hilfsträger) dann in Frequenzmodulation überträgt. Das Kennzeichen ist F2A.

F3E ist entsprechend ein frequenzmoduliertes Signal. Es ist als Sprechfunk analog moduliert.

Das, was wir im Amateurfunk SSB nennen, ist J3E, also Sprechfunk (E) analog in Einseitenbandmodulation.

C3F steht für ATV. ATV ist ein analoges Fernseh-Verfahren mit Restseitenbandmodulation. J3F wäre ATV im Einseitenbandverfahren ohne Träger.

Die Bandbreiten in den verschiedenen Betriebsarten sind in folgender Tabelle zusammengestellt worden.

Bearbeiten Sie die Prüfungsfragen **BI133** bis **BI141**.

A1A	0,1 ... 0,5 kHz
F1B	0,5 kHz
A3E	5 kHz
F3E	12 kHz
J3E	2,4 kHz

Tabelle: Typische Bandbreiten

Prüfungsfragen VE139
Ist die Sendeart J3F im 17-m-Amateurfunkband zugelassen?

Antwort: Ja, aber nur als Schmalbandfernsehen.

Prüfungsfrage VE107
Welche Sendearten sind im 160-m-Amateurfunk-Bereich in allen Bundesländern zulässig?

Antwort: A1A, J3E.

Prüfungsfrage VE110
Ist die Betriebsart "Packet Radio" mit einer Senderausgangsleistung von 20 Watt im 160-m-Amateurfunkband zulässig?

Antwort im Fragenkatalog: Nein, Packet Radio ist im 160-m-Band nicht zugelassen.

Zur Antwort auf die Prüfungsfrage VE110 soll noch eine Erläuterung gegeben werden. Im Frequenznutzungsplan sind bei 160 m nur A1A (CW), F1B (RTTY) und J3E (SSB) erlaubt. Packet-Radio ist aber ein Datenfunk, meist in FM mit moduliertem Hilfsträger (das sind die zwei Töne), also F2D.

Prüfungsfrage VE104
Darf ein Funkamateur der Zulassungsklasse 1 den 6-m-Amateurfunkbereich nutzen?

Antwort: Er darf diesen Bereich nur mit einer Sondergenehmigung nutzen.

Prüfungsfrage VE105
Darf ein Funkamateur der Zeugnisklasse 2 den 6-m-Amateurfunkbereich nutzen?

Antwort: Er darf diesen Bereich nur mit einer Sondergenehmigung nutzen.

Mit dieser Lektion haben Sie den schwierigsten Teil der gesetzlichen Bestimmungen abgeschlossen. Es ist wirklich nicht einfach, sich die Frequenzen und die zugehörigen Eigenschaften zu merken.

Lektion 14: Telekommunikationsgesetz (TKG)

Während die bisher besprochenen Gesetze speziell für den Amateurfunk erstellt wurden, ist das Telekommunikationsgesetz (TKG) allgemein gültig, enthält aber einige Passagen, die auch für den Amateurfunk relevant sind.

Deshalb finden Sie dieses Gesetz nicht im Prüfungsfragenkatalog. Im Prinzip würde es genügen, die Fragen und Antworten dazu im Fragenkatalog durchzuarbeiten und sich diese für die Prüfung zu merken. Im Folgenden sollen aber zusätzlich die für den Amateurfunk wichtigen Passagen zitiert werden.

Im Telekommunikationsgesetz (TKG) ist geregelt, dass jede drahtlose oder drahtgebundene Fernmeldeeinrichtung, die den Grundstücksbereich überschreitet, genehmigungspflichtig ist. Andernfalls kann man bestraft werden. In der folgenden Prüfungsfrage finden Sie in den Antworten b bis d die Beschreibung des Gültigkeitsbereichs.

Im Internet finden Sie den Wortlaut des TKG unter www.amateurfunkpruefung.de.

Prüfungsfrage VF101 Welche der nachfolgenden Vorschriften im Telekommunikationsgesetz haben keine Bedeutung für Funkamateure?
a) Vorschriften aus dem TKG zur Lizenzvergabe.
b) Vorschriften über Strafe und Bußgeld.
c) Vorschriften über Abhörverbot und Fernmeldegeheimnis.
d) Vorschriften über Sendeanlagen.

Antwort: a

Prüfungsfrage VF102, VF119
Enthält das TKG für den Funkamateur anwendbare Regelungen?

Antwort: Ja, einige Regelungen sind auch auf den Amateurfunkdienst anwendbar.

Im TKG ist ferner geregelt, dass keine Gespräche abgehört werden dürfen.

Prüfungsfrage VF105
Darf ein Funkamateur eine Abhörfunkanlage (Minispion) besitzen?

Antwort: Nein.

Prüfungsfrage VF103
Der Funkamateur hört versehentlich den Inhalt eines nicht öffentlichen Mobilfunkgesprächs. Darf er über die Tatsache, dass er dieses Gespräch mitgehört hat oder über den gehörten Inhalt mit einem anderen Funkamateur sprechen?

Antwort: Nein, die Tatsache des Empfangs und der Inhalt des Gesprächs dürfen anderen nicht mitgeteilt werden.

Prüfungsfrage VF104
Ein Funkamateur sendet vorsätzlich außerhalb eines dem Amateurfunkdienst im Frequenznutzungsplan zugeteilten Frequenzbereichs. Mit welchen Folgen muss er rechnen?

Antwort: Er muss mit einer Geldbuße rechnen.

Für den gesamten Bereich der Telekommunikation ist die Regulierungsbehörde für Telekommunikation und Post zuständig.

Prüfungsfrage VF106
Wer überwacht die Einhaltung der amateurfunkrelevanten Bestimmungen des TKG?

Antwort: Die Regulierungsbehörde für Telekommunikation und Post überwacht die Einhaltung der amateurfunkrelevanten Bestimmungen des TKG.

Und hier noch etwas aus dem Gesetzestext: In den Paragrafen 45 bis 47 des TKG ist von einem Frequenzbereichszuweisungsplan die Rede. Der Frequenzbereichszuweisungsplan ist in der Frequenzbereichszuweisungsplanverordnung (FreqBZPV) geregelt. Die Frequenzbereiche des Frequenzbereichszuweisungsplans können erst entsprechend genutzt werden, wenn die Umsetzung im Frequenznutzungsplan erfolgt ist.

Prüfungsfrage VF107
Welche der folgenden Antworten ist Teil der Frequenzbereichszuweisungsplanverordnung (FreqBZPV) und enthält für den Amateurfunkdienst relevante Regelungen?

Antwort: Nutzungsbestimmungen.

Diese Antwort müssen Sie sich einfach merken. Gleiches gilt für die beiden folgenden Prüfungsfragen.

Prüfungsfrage VF108
Welche der genannten Antworten ist Teil der Frequenzbereichszuweisungsplanverordnung (FreqBZPV) und enthält für den Amateurfunkdienst relevante Regelungen?

Antwort: Zuweisungen an Funkdienste.

Prüfungsfrage VF109
Welche der nachfolgenden Aussagen ist *nicht* richtig?

Antwort: „Der Frequenzbereichszuweisungsplan (FreqBZPV) regelt die Frequenzzuteilung“ ist falsch.

Das war schwierig, denn die Frequenzzuteilung wird im Frequenznutzungsplan und nicht im Frequenzbereichszuweisungsplan geregelt. Also aufpassen!

Prüfungsfrage VF110
Welche Teile des TKG sind im Amateurfunk relevant?

Antwort: Frequenzordnung.

Prüfungsfrage VF111 Was ist eine "Abhörfunkanlage" im Sinne des TKG?
a) Eine Sendefunkanlage, die einen anderen Gegenstand vortäuscht.
b) Ein Scanner, der ein breitbandiges Abhören nicht öffentlicher Funkdienste im Funkspektrum ermöglicht.
c) Ein Richtmikrofon, das in besonderer Weise geeignet ist, das nicht öffentlich gesprochene Wort eines anderen unbemerkt abzuhören.
d) Ein Babyfon.

Antwort: a

Prüfungsfrage VF112 Darf ein Funkamateur eine Funkanlage seiner Amateurfunkstelle als Abhörfunkanlage verwenden?

Antwort: Nein, weil die verdeckte Übermittlung des nichtöffentlich gesprochenen Wortes einer anderen Person eine mit Strafe bedrohte Handlung ist.

Prüfungsfrage VF113 Wie hat der Funkamateur sich zu verhalten, wenn er unbeabsichtigt Sendungen anderer Funkdienste empfängt (§ 86 TKG), z.B. in Frequenzbereichen, die neben dem Amateurfunkdienst auch anderen Funkdiensten zugewiesen sind?

Antwort: Er darf diese Sendungen weder aufzeichnen, anderen mitteilen oder für irgendwelche Zwecke auswerten. Selbst das Vorhandensein solcher Sendungen darf anderen nicht zur Kenntnis gebracht werden.

Prüfungsfrage VF114
Dürfen Sendefunkanlagen ohne Frequenzzuteilung betrieben werden?

Antwort: Sendefunkanlagen bedürfen ausnahmslos einer Frequenzzuteilung, und zwar unabhängig von der Sendeleistung oder benutzten Frequenz.

Amateurfunkgespräche dürfen von Jedermann abgehört werden. Sie dürfen auch aufgezeichnet werden und auch der Inhalt darf anderen weiter gegeben werden. Allerdings ist dies alles verboten, wenn es sich nicht um Nachrichten aus dem Amateurfunk oder „an alle“ handelt.

Prüfungsfrage VF115 Bei welcher Handlung verletzt ein Funkamateur das Fernmeldegeheimnis?

Antwort: Bei Empfang, Verwertung oder Weitergabe von Nachrichten, die nicht für den Amateurfunk bestimmt oder nicht an alle gerichtet sind.

Prüfungsfrage VF116 Wie hat sich ein Funkamateur zu verhalten, der Nachrichten empfängt, die von einer öffentlichen Zwecken dienenden Fernmeldeanlage gesendet werden und nicht für ihn bestimmt sind?

Der Inhalt solcher Nachrichten sowie die Tatsache ihres Empfangs - ausgenommen bei Notrufen - darf anderen weder mitgeteilt noch für eigene Zwecke verwertet werden.

Prüfungsfrage VF117
Das TKG verbietet Besitz, Herstellung, Vertrieb und Einfuhr bestimmter Funkanlagen. Welche der nachfolgend genannten Funkanlagen sind das?

Antwort: Minispione.

Können Sie zwischen Straftat und Ordnungswidrigkeit unterscheiden? In folgender Prüfungsfrage geht es genau darum. Die Antworten c bis d sind Straftaten.

Prüfungsfrage VF118
Welcher der nachfolgend genannten Tatbestände ist eine Ordnungswidrigkeit gemäß TKG?
a) Nutzung von Frequenzen ohne Frequenzzuteilung.
b) Das schuldhafte Verursachen von elektromagnetischen Störungen, entgegen den Weisungen der Regulierungsbehörde für Telekommunikation und Post.
c) Die Übermittlung von Amateurfunknachrichten von oder an Dritte durch einen Funkamateur.
d) Der Betrieb einer Amateurfunkstelle zu gewerblich-wirtschaftlichen Zwecken.

Antwort: a

Das gesamte Telekommunikationsgesetz aus dem Jahre 1997 enthält 99 Paragrafen, wobei nur wenige für den Amateurfunk relevant sind. Wenn Sie sich aber für den genauen Wortlaut des Gesetzes interessieren, finden Sie diesen auf der Homepage des DARC bei „Begleitmaterial“ und dort unter „Gesetze und Verordnungen - TKG“ unter www.amateurfunkpruefung.de.

Prüfungsfrage VF119
Welche der nachfolgend genannten Rechtsgrundlagen enthält Regelungen, die auch für den Amateurfunkdienst in Deutschland relevant sind?

Antwort: Das Telekommunikationsgesetz (TKG).

Prüfungsfrage VF120
Welche der nachfolgend genannten Rechtsgrundlagen enthält Regelungen, die auch für den Amateurfunkdienst in Deutschland relevant sind?

Antwort: Die Frequenzbereichszuweisungsplanverordnung (FreqBZPV).

Prüfungsfrage VF121
Welche der nachfolgend genannten Rechtsgrundlagen enthält Regelungen, die auch für den Amateurfunkdienst in Deutschland relevant sind?

Antwort: Die (FreqNPAV).

Auweia! Frequenzbereichszuweisungsplan, Frequenzbereichszuweisungsplanverordnung, Frequenznutzungsplanaufstellungsverordnung …

Also: Nur für die Prüfung merken! Das brauchen Sie als Funkamateur nie wieder.

Lektion 15: EMV-Gesetz und EMVU

In dieser Lektion geht es um elektromagnetische Verträglichkeit von Geräten (EMVG) und um elektrische Verträglichkeit mit der Umwelt (EMVU).

Als Funkamateur betreiben Sie normalerweise eine Senderanlage. Von der Antenne gehen unter Umständen starke Strahlen mit hohen Frequenzen aus, die möglicherweise Geräte in der eigenen Wohnung oder auch in der unmittelbaren Nachbarschaft irgendwie beeinflussen können. Beispielsweise kann es passieren, dass jedes Mal, wenn Sie auf die Sendertaste drücken, die Heizung anspringt oder das Programm des Fernsehers umgeschaltet wird. Dies nennt man „Elektromagnetische Verträglichkeit von Geräten".

Aber auch umgekehrt können Geräte der Industrie oder der Unterhaltungselektronik Funkstörungen abstrahlen, die sie mit ihrer Empfangsanlage sehr gut empfangen können und die möglicherweise auch eine Funkverbindung empfindlich stören können.

Prüfungsfrage VG101
Was hat der Funkamateur zu veranlassen, wenn bei ihm der Empfang auf Grund mangelnder Empfängerstörfestigkeit stark beeinträchtigt wird?

Antwort: Er hat die Störungen hinzunehmen, wenn die störenden Geräte den Anforderungen des EMVG genügen.

Prüfungsfrage VG102
Der Empfang einer Amateurfunkaussendung wird auf der Frequenz 145,5 MHz durch einen PC aus der Nachbarschaft elektromagnetisch gestört. Die Amateurfunkstelle erfüllt die Schutzanforderungen (§ 7 Abs. 2 AFuG) nicht. Was trifft für diesen Fall nach den Regelungen des EMVG bzw. AFuG zu?

Antwort: Der PC darf weiterhin betrieben werden, wenn er die Grenzwerte der für ihn gültigen europäischen Norm einhält.

Was ist eigentlich damit gemeint: „Die - Amateurfunkstelle erfüllt die Schutzanforderungen (§ 7 Abs. 2 AFuG) nicht.“? Wenn man im Paragrafen 7 des Amateurfunkgesetzes nachschaut (Tun Sie das bitte, siehe Fragenkatalog!), findet man den Hinweis, dass eine Funkstelle von den Vorschriften des Gesetzes über EMVG § 3 abweichen darf. Das EMV-Gesetz finden Sie auf der Homepage www.amateurfunkpruefung.de unter „Gesetze und Verordnungen“. Dort steht Folgendes wörtlich drin.

EMVG § 3 Schutzanforderungen

(1) Geräte müssen so beschaffen sein, dass bei vorschriftsmäßiger Installierung, angemessener Wartung und bestimmungsgemäßem Betrieb gemäß den Angaben des Herstellers in der Gebrauchsanweisung

1. die Erzeugung elektromagnetischer Störungen soweit begrenzt wird, dass ein bestimmungsgemäßer Betrieb von Funk- und Telekommunikationsgeräten sowie sonstigen Geräten möglich ist,

2. die Geräte eine angemessene Festigkeit gegen elektromagnetische Störungen aufweisen, so dass ein bestimmungsgemäßer Betrieb möglich ist.

Was bedeutet dies nun? Also nach Nr.1 dieses Satzes dürfen Geräte keine elektromagnetischen Strahlungen erzeugen, die unsere Funkgeräte stören können. Leider tun sie das häufig doch, ganz besonders Schaltnetzteile in elektronischen Anlagen.

Nr.2 dieses Satzes bedeutet, dass Geräte generell gegen elektromagnetische Strahlungen unempfindlich sein sollen. Dazu gibt es genauere Angaben in einer Verordnung. Zu den Geräten gehören natürlich auch unsere Funkgeräte, also auch die Empfänger. Mit einem Empfänger wollen wir Funkamateure aber gerade elektromagnetische Signale empfangen, die auch äußerst schwach sind.

Damit weichen wir von den Vorschriften über die festgelegte Störfestigkeit ab, was wir allerdings nach dem Amateurfunkgesetz § 7 auch dürfen. Damit schließt sich der Kreis. Wenn wir also solche schwachen elektromagnetischen Signale empfangen können und wollen, müssen wir in Kauf nehmen, dass wir solche unerwünschten Signale hören, wenn diese ihrerseits den Vorschriften entsprechen.

Prüfungsfragen VG103, VG106
Der Empfang einer Amateurfunkaussendung wird auf der Frequenz 7,05 MHz durch eine Alarmanlage aus der Nachbarschaft elektromagnetisch gestört. Die Amateurfunkstelle erfüllt die Schutzanforderungen (§ 7 Abs. 2 AFuG) nicht. Was trifft für diesen Fall nach den Regelungen des EMVG bzw. AFuG zu?

Antwort: Die Alarmanlage darf weiter betrieben werden, wenn sie die für sie gültigen Grenzwerte aus den europäisch anerkannten Normen einhält.

Prüfungsfrage VG104
Eine Zusatzeinrichtung eines Funkamateurs verursacht eine elektromagnetische Störung im Sinne des EMVG bei einer Betriebsfunkanlage in der Nachbarschaft. Welche Maßnahmen sind entsprechend den Regelungen des EMVG zu treffen?

Antwort: Die Zusatzeinrichtung muss im Störungsfall die Grenzwerte der europäischen Normen einhalten und die Schutzziele des EMVG erfüllen.

Prüfungsfrage VG105
Der Empfang einer Amateurfunkaussendung wird auf der dem Amateurfunk sekundär zugewiesenen Frequenz 10,120 MHz durch den Schaltkontakt einer Heizungssteuerung aus der Nachbarschaft gestört. Die Amateurfunkstelle erfüllt die Schutzanforderungen (§ 7 Abs. 2 AFuG) nicht. Was trifft für diesen Fall nach den Regelungen des EMVG bzw. AFuG zu?

Antwort: Die Heizungssteuerung darf weiter betrieben werden, wenn sie die für sie gültigen Grenzwerte aus den europäisch anerkannten Normen einhält.

Prüfungsfrage VG107
Darf der Funkamateur von den grundlegenden Anforderungen zur Störfestigkeit im Sinne von § 3 des Gesetzes über die elektromagnetische Verträglichkeit von Geräten abweichen?

Antwort: Ja, er kann den Grad der Störfestigkeit seiner Geräte selbst bestimmen.

Prüfungsfrage VG108
Bestimmte Gerätegruppen müssen laut EMVG beim Vorliegen eines angemessenen Störfestigkeitsniveaus ohne Beeinträchtigungen betrieben werden können. Welche der nachfolgend genannten Gerätegruppen fällt nicht hierunter?

Antwort: Kraftfahrzeuge und Anhänger.

Prüfungsfrage VG109
Keine Geräte im Sinne des EMVG sind

Antwort: Elementare elektrische Bauteile.

EMVU

EMVU bedeutet Elektromagnetische Verträglichkeit Umwelt. Umwelt steht für Natur, Tiere, Menschen. Jeder, der eine eigene Sendeanlage betreibt ist dafür verantwortlich, dass er niemanden dadurch schädigt.

Prüfungsfrage VI101
Wer ist für die Sicherstellung der - elektromagnetischen Umweltverträglichkeit verantwortlich?

Antwort: Der Zulassungs- / Zuteilungsinhaber.

Prüfungsfrage VI103
Was bedeutet die Abkürzung EMVU?

Antwort: Elektromagnetische Verträglichkeit in der Umwelt.

In der Verordnung über das Nachweisverfahren zur Begrenzung elektromagnetischer Felder (BEMFV) ist der Schutz von Personen bei der Einwirkung elektromagnetischer Felder auch ausführlich für den Amateurfunk geregelt.

Prüfungsfrage VI102
Was müssen Zulassungsinhaber in Bezug auf den Personenschutz einhalten?

Antwort: Die Personenschutzgrenzwerte.

Prüfungsfrage VI104 In welchem Regelungswerk ist der Schutz von Personen bei der Einwirkung elektromagnetischer Felder auch ausführlich für den Amateurfunk geregelt?

Antwort: In der BEMFV.

In der Lektion 17 des Amateurfunklehrgangs für das Amateurfunkzeugnis Klasse 1 und 2 Teil TECHNIK haben Sie ausführliche Berechnungen zum Thema Personenschutz kennen und anwenden gelernt. Dort werden Grenzwerte für die zulässige elektrische Feldstärke für Personenschutz vorgestellt. Die Angabe dieser Grenzwerte ist frequenzabhängig.

Prüfungsfrage VI105
Warum hängen die Feldstärkegrenzwerte von der Frequenz ab?

Antwort: Weil die Fähigkeit des Körpers hochfrequente Strahlung zu absorbieren frequenzabhängig ist.

Um nun zu prüfen, ob man die Grenzwerte für Personenschutz überschreitet, berechnet man gemäß Lektion 8 aus dem Technik-Buch die elektrische Feldstärke im Fernfeld (Fernfeldformel) und vergleicht, ob dieser berechnet Wert eventuell größer ist als die maximal zulässige elektrische Feldstärke. In diesem Fall muss man die Strahlungsleistung entweder durch Leistungsreduzierung oder durch Verringerung des Antennengewinns herabsetzen.

Prüfungsfrage VI121
In die Fernfeldformel für die Berechnung des Sicherheitsabstandes geht die Sendefrequenz nicht ein. Welche der nachfolgenden Aussagen ist richtig?

Antwort: Die Frequenzabhängigkeit des Sicherheitsabstandes ergibt sich über die bei der Berechnung einzusetzenden frequenzabhängigen Feldstärkegrenzwerte.

Für alle ortsfesten Amateurfunkstellen ab einer äquivalenten Strahlungsleistung von 10 Watt EIRP muss der Schutz von Personen in elektromagnetischen Feldern vom Funkamateur dokumentiert werden. Dazu hat die RegTP ein Verfahren entwickelt, das dem Funkamateur ermöglicht, eigenständig sicherzustellen und zu dokumentieren, dass von seiner ortsfesten Amateurfunkstelle keine Gefährdung für Personen ausgeht. In der folgenden Prüfungsfrage erfahren Sie, wie dieses Verfahren genannt wird.

Prüfungsfrage VI106 Was versteht man nach der Verordnung über das Nachweisverfahren zur Begrenzung elektromagnetischer Felder (BEMFV) unter dem "Anzeigeverfahren ortsfester Amateurfunkanlagen"?

Antwort: Ein Verfahren, das dem Funkamateur ermöglicht, eigenständig sicherzustellen und zu dokumentieren, dass von seiner ortsfesten Amateurfunkstelle keine Gefährdung für Personen ausgeht.

Prüfungsfrage VI108
In welcher gesetzlichen Regelung wird das Verfahren zum Schutz von Personen in elektromagnetischen Feldern von ortsfesten Amateurfunkstellen festgelegt?

Antwort: In der Verordnung über das Nachweisverfahren zur Begrenzung elektromagnetischer Felder (BEMFV).

Prüfungsfrage VI107
Welchen Status hat im Rahmen der EMVU die Anzeige einer ortsfesten Amateurfunkanlage?

Antwort: Die Anzeige ist die verbindliche Erklärung eines Funkamateurs über die eigenverantwortliche Einhaltung der gesetzlichen Grenzwerte zum Schutz von Personen und Herzschrittmacherträgern.

Diese Anzeige ist nicht etwa eine unverbindliche Erklärung darüber, dass Funkamateure eigenverantwortlich handeln. Sie ist die verbindliche Erklärung eines Funkamateurs über die eigenverantwortliche Einhaltung der Grenzwerte.

Ortsfeste Amateurfunkstellen, die eine äquivalente Strahlungsleistung von 10 Watt EIRP nicht überschreiten brauchen keine Dokumentation durchzuführen. Funkamateure mit dem Amateurfunkzeugnis Klasse 3 (so genannte DO-Lizenz) dürfen nur Sendeanlagen mit maximal 10 Watt EIRP betreiben. Deshalb brauchen sie keine Dokumentation durchzuführen.

Prüfungsfrage VI109
Für welche Amateurfunkstellen muss der Schutz von Personen in elektromagnetischen Feldern vom Funkamateur dokumentiert werden?

Antwort: Für alle ortsfesten Amateurfunkstellen ab einer äquivalenten Strahlungsleistung von 10 Watt EIRP.

Kommerzielle Funkstellen (zum Beispiel Funkanlagen für Handys) benötigen eine so genannte „Standortbescheinigung". Dafür muss eine genaue Berechnung der erwarteten Feldstärken vorgelegt und bei der Abnahme durch Messung nachgewiesen werden.

Prüfungsfrage VI110
Kann die Reg TP für den Betrieb einer ortsfesten Amateurfunkstelle eine Standortbescheinigung fordern?

Antwort: Nur wenn sich am Standort der vorgesehenen ortsfesten Amateurfunkstelle bereits ortsfeste Funkanlagen befinden, die selbst eine Standortbescheinigung benötigen.

Die Personenschutzgrenzwerte sind nicht identisch mit den Herzschrittmachergrenzwerten. Zum Schutz von Herzschrittmacherträgern gibt es in der Normenreihe DIN 0848 Grenzwerte, die sicherstellen, dass von Sendefunkanlagen keine Gefährdung für implantierte Herzschrittmacher ausgeht. Auch Funkamateure müssen sich an diese DIN 0848 Grenzwerte halten und die Einhaltung dokumentieren.

Prüfungsfrage VI111
Bis zu welchem Bereich darf der im Rahmen der Anzeige angegebene standortbezogene Sicherheitsabstand höchstens reichen?

Antwort: Bis zur Grenze des kontrollierbaren Bereichs oder ggf. des Ergänzungsbereichs für aktive Körperhilfen.

Der kontrollierbare Bereich ist nach der Verordnung über das Nachweisverfahren zur Begrenzung elektromagnetischer Felder BEMFV (Siehe Gesetze unter www.amateurfunkpruefung.de) der Bereich, in dem der Betreiber den Zutritt oder Aufenthalt von Personen bestimmen kann oder der Zutritt von Personen ausgeschlossen ist. Der Ergänzungsbereich ist der darüber hinaus gehende Bereich, in welchem die Grenzwerte für aktive Körperhilfen (beispielsweise Herzschrittmacher) überschritten werden.

Prüfungsfrage VI124
Wenn die Herzschrittmachergrenzwerte außerhalb des kontrollierbaren Bereiches überschritten werden, hat der Funkamateur ...

Richtige Ergänzung: ... dafür Sorge zu tragen, dass sich während des Betriebs keine Herzschrittmacherträger im Ergänzungsbereich aufhalten.

Prüfungsfrage VI113
Welche der nachfolgenden Aussagen in Bezug auf die Herzschrittmachergrenzwerte ist richtig?

Antwort: Die Personenschutzgrenzwerte sind nicht identisch mit den Herzschrittmachergrenzwerten. Zum Schutz von Herzschrittmacherträgern gibt es in der Normenreihe DIN 0848 Grenzwerte, die sicherstellen, dass von Sendefunkanlagen keine Gefährdung für implantierte Herzschrittmacher ausgeht.

In der Antwort zu der folgenden Prüfungsfrage finden Sie die Angabe, wo man die Grenzwerte für Herzschrittmacherträger findet. Sie brauchen sich diese Angaben natürlich nicht zu merken. Merken Sie sich einfach nur „26. Verordnung …“.

Prüfungsfrage VI114
Wo sind die im Rahmen des Nachweisverfahrens zur Begrenzung elektromagnetischer Felder die anzuwendenden Grenzwerte zu finden?

Antwort: In der 26. Verordnung zum Bundesimmissionsschutzgesetz, in der Empfehlung 1999/519/EG des Rates der europäischen Union und in der DIN VDE 0848 Teil 3-1 (06/1999) in Verbindung mit DIN VDE 0848 Teil 3-1/A1 (02/2001).

Prüfungsfrage VI115 Wo sind die DIN-Normen mit den Herzschrittmachergrenzwerten zu finden?

Antwort: DIN-Normen können über den Buchhandel bezogen werden.

Achten Sie bei den folgenden Prüfungsfragen VI116 und VI117 darauf, dass einmal von „bei Neuerwerb einer Zuteilung“ und im anderen Fall von „Funkamateur“ allgemein gesprochen wird.

Prüfungsfrage VI116
Wo und wann hat der Funkamateur bei Neuerwerb einer Zuteilung und Aufbau einer ortsfesten Sendefunkanlage mit einer EIRP über 10 Watt die Anzeige einzureichen?

Antwort: Sie ist der zuständigen Außenstelle der Regulierungsbehörde für Telekommunikation und Post vor der Betriebsaufnahme vorzulegen.

Prüfungsfrage VI117
Wo und wann hat der Funkamateur die Dokumentation über die Einhaltung der Anforderungen einzureichen?

Antwort: Sie ist der zuständigen Außenstelle der Regulierungsbehörde für Telekommunikation und Post nach Aufforderung vorzulegen.

Prüfungsfrage VI123
Von wem müssen die Herzschrittmachergrenzwerte eingehalten werden?

Antwort: Von allen Funkamateuren.

Prüfungsfrage VI118
Was hat ein Funkamateur zu beachten, nachdem er seine ortsfeste Amateurfunkstelle bei der Regulierungsbehörde für Telekommunikation und Post angezeigt hat?

Antwort: Er hat eine Dokumentation über die Einhaltung der Anforderungen mit allen erforderlichen Unterlagen bereitzuhalten und fortlaufend zu prüfen, ob die Bedingungen unter denen die Anzeige durchgeführt wurde noch zutreffend sind. Bei Änderungen, die einen größeren Sicherheitsabstand erforderlich machen, ist die Amateurfunkstelle erneut anzuzeigen.

Prüfungsfrage VI119
Welche Aussendungen von Amateurfunkanlagen müssen bei der Ermittlung des standortbezogenen Sicherheitsabstandes berücksichtigt werden?

Antwort: Alle Aussendungen der ortsfesten Amateurfunkstelle, die ein Funkamateur zeitgleich durchzuführen beabsichtigt.

Prüfungsfrage VI122
Wer muss seine Amateurfunkstelle bei der Reg TP anzeigen?

Antwort: Alle Funkamateure, die ortsfeste Amateurfunkstellen mit Strahlungsleistungen oberhalb der in der BEMFV genannten Grenze betreiben möchten.

Die Theorie zur Begründung der folgenden Prüfungsfragen finden Sie im Technik-Buch in der Lektion 9 unter „Gewinn einer Antenne" und in den Abschnitten „ERP" und „EIRP"

Prüfungsfrage VI120
Für die Berechnung des Sicherheitsabstandes wird in der Regel der Antennengewinnfaktor (G) verwendet. Der Antennengewinnfaktor G ist ...

Richtige Ergänzung: ... der lineare Faktor, aus dem sich durch Multiplikation mit der Antenneneingangsleistung die effektiv abgestrahlte Leistung errechnen lässt.

Prüfungsfrage VI112
Welche physikalischen Größen werden für die Angabe der Konfiguration im Rahmen des Anzeigeverfahrens benötigt?

Antwort: Senderausgangsleistung, Verluste zwischen Senderausgang und Antenneneingang, Antennengewinn, Antennenhöhe, Abstrahlrichtung, Frequenz, Modulationsverfahren, Korrekturabschläge, Sicherheitsabstände.

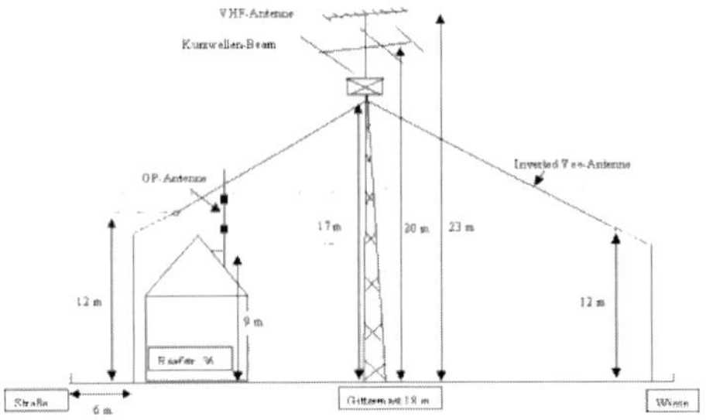

Beispiel für Antennenhöhen

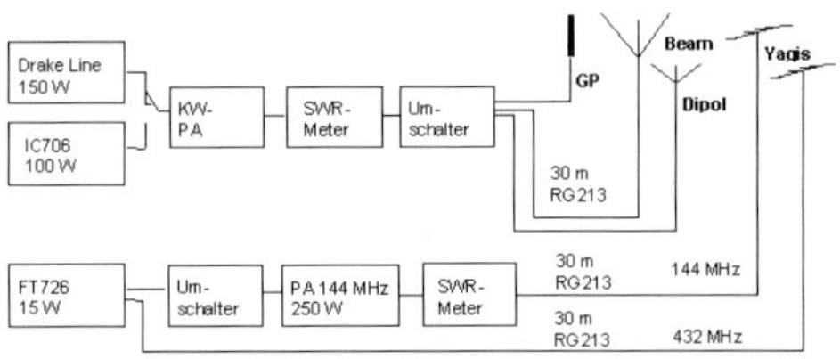

Beispiel für Leistungen und Dämpfungen

Lektion 16: Gesetz über Funkanlagen, Sicherheitsvorschriften

Es gibt noch einige gesetzliche Bestimmungen im Zusammenhang mit Sendeanlagen, die auch für Funkamateure relevant sind und wozu es auch Prüfungsfragen gibt. Sie werden in dieser Lektion zusammengefasst.

Gesetz über Funkanlagen und Telekommunikationsendeinrichtungen (FTEG)

Der Sinn und Zweck dieses Gesetzes und die Art und Weise, wie es den Amateurfunk betrifft, geht aus den Antworten der folgenden Prüfungsfragen hervor.

Prüfungsfrage VH101
Welches Gesetz beinhaltet Regelungen auch für serienmäßig hergestellte Amateurfunkgeräte über das Inverkehrbringen, den freien Warenverkehr und der Inbetriebnahme?

Antwort: Das Gesetz über Funkanlagen und Telekommunikationsendeinrichtungen.

Prüfungsfrage VH102
Wie führt der Funkamateur den Nachweis über die Einhaltung der Vorschriften des FTEG?

Antwort: Gar nicht.

Prüfungsfrage VH103 Welche Vorschriften müssen im Handel erhältliche Empfangsfunkanlagen einhalten, die dem Amateurfunk zugewiesene Frequenzen empfangen können?

Antwort: Es sind die Bestimmungen des FTEG einzuhalten. Dies ist an der CE-Kennzeichnung des Gerätes zu erkennen.

Prüfungsfrage VH104 Welche der nachfolgenden Bestimmungen im FTEG sind in Bezug auf selbst hergestellte nicht im Handel erhältliche Sendefunkgeräte nicht anwendbar?

Antwort: Die Vorschriften über die Konformitätserklärung, Baumusterbescheinigung und CE-Kennzeichnung.

Sonstiges

Prüfungsfrage VL102
Welche regelmäßigen Beiträge hat der Funkamateur zu entrichten?

Antwort: Den Frequenznutzungsbeitrag.

Prüfungsfrage VL103
Mit welchen Folgen muss der Funkamateur rechnen, wenn er die Frequenznutzungsbeiträge nicht zahlt?

Antwort: Er muss mit Maßnahmen nach den Vorschriften des Verwaltungs-Vollstreckungsgesetzes rechnen.

Bei der folgenden Prüfungsfrage sollten Sie nach dem „Ausschlussverfahren“ vorgehen, weil danach gefragt, was nicht richtig ist beziehungsweise keine Bedeutung für den Amateurfunk hat. Drei von den Gesetzen oder Verordnungen haben Sie in diesem Lehrgang bereits kennen gelernt, bleibt also nur eine Verordnung übrig.

Prüfungsfrage VL104
Welches der nachfolgend genannten Regelungswerke enthält *keine* für den Amateurfunkdienst in Deutschland relevanten Bestimmungen?
a) Die Frequenzgebührenverordnung (FGebV).
b) Das Telekommunikationsgesetz (TKG).
c) Das Gesetz über die elektromagnetische Verträglichkeit von Geräten (EMVG).
d) Die Vollzugsordnung für den Funkdienst (VO Funk).

Antwort: Die Frequenzgebührenverordnung (FGebV) betrifft den Amateurfunk nicht.

Prüfungsfrage VL105
Welches Ministerium ist für die Angelegenheiten des Amateurfunkdienstes in Deutschland federführend zuständig?

Antwort: Das Bundesministerium für Wirtschaft und Arbeit.

Prüfungsfrage VL106
Darf eine Amateurfunkstelle auch an Bord eines Luftfahrzeuges betrieben werden?

Antwort: Ja, zum Beispiel mit der Zustimmung der Luftfahrtbehörden.

Lektion 17: Amateurfunk damals und heute

Über die Höflichkeit im Amateurfunk

Mir als Autor liegt zum Schluss des Lehrgangs über Betriebstechnik und Gesetze noch etwas am Herzen. Auch wenn es kein Prüfungsstoff ist, lesen Sie sich einmal folgendes Kapitel durch. Sie werden erfahren, wie sich der Amateurfunk so langsam von einem rein technischen Hobby zu einem „Kommunikationsfunk" entwickelt hat.

Früher war alles besser

Mit diesem Spruch kann man vor allem junge Leute ziemlich nerven. Immer und überall haben wir Älteren den Eindruck, dass früher alles viel besser, viel schöner, viel freundlicher … war. Wenn man dann genauer hinsieht, ist es heute nur anders, für uns Ältere ungewohnt, für junge Leute jedoch normal und aus ihrer Sicht viel besser als früher. Ich möchte Sie also nicht „nerven". Dennoch will ich erzählen, wie es früher war und was mir an der typischen Betriebstechnik von heute nicht so gut gefällt und wie man es besser machen kann.

Als ich 1958 als neunzehnjähriger Schüler „die Lizenz" machte, begegneten mir die schon „gestandenen" Funkamateure nicht nur mit Höflichkeit sondern regelrechter Herzlichkeit. Als ich mich das erste Mal auf Kurzwelle (UKW gab es damals noch nicht) meldete, bekam ich nicht nur sofort die QSL-Karte direkt zugeschickt, sondern auch eine Einladung, wenn ich mal in der Nähe wäre, solle ich ihn doch besuchen.

Dies war nicht nur bei einem Funkamateur aus der Nachbarschaft der Fall (von Travemünde nach Lübeck waren es nur 20 km), sondern auch bei Funkamateuren im Ausland. Ich erinnere mich noch an einen Lars aus Motala, der mich aufforderte, doch in den Ferien mal nach Schweden zu kommen und ihn zu besuchen. Ich machte es später auch wahr und besuchte ihn. Er hat sich sehr darüber gefreut.

Bastler und Tüftler

Sender mit Geloso VFO (1960)

Natürlich waren es andere Zeiten. Es gab längst nicht so viele Funkamateure und alle waren Sie „Tüftler“ oder „Bastler“, jedenfalls an der (Nachrichten-)Technik interessierte Leute, die das Hobby nicht betrieben, um sich täglich stundenlang mit anderen Leuten zu unterhalten, sondern um etwas Technisches auszuprobieren und dann mit anderen über dieses Thema zu sprechen.

Wir mussten auch Bastler sein, denn es gab damals keine Empfänger oder Sender für den Amateurfunk zu kaufen. Alles baute man selbst. Deshalb lernte man zunächst etwas über Elektronik (Es war noch die Zeit der Röhrentechnik) und probierte Schaltungen zur Schwingungserzeugung (Oszillatoren) aus. Ich weiß noch wie spannend es war, als mein Freund Hartwin, der mit mir zusammen die Amateurfunkprüfung gemacht hatte (damals DJ4UG) und der zwei Straßen weiter wohnte, mit einem selbst gebauten Einkreiser mein getastetes Oszillatorsignal hören konnte.

Danach kam dann die Zeit, als man wenigstens Empfänger aus dem militärischen Bereich kaufen konnte. Die italienische Firma Geloso brachte 1959 die ersten fertigen Empfänger (RX59, RX60) heraus. Man konnte den VFO auch einzeln kaufen und damit einen Sender bauen.

Fünf Jahre später, als die Funkamateure die SSB-Modulation entwickelt hatten, gab es die ersten Komplettbausätze. Eine SSB-Kurzwellenstation mit Röhren bot die amerikanische Firma Heathkit an. Man erhielt sämtliche Bauteile mit der kompletten Mechanik und baute das Gerät nach einer sehr ausgefeilten Bauanleitung komplett selbst.

Ende der sechziger Jahre gab es dann die ersten fertigen Transceiver aus Japan, die praktisch ein Nachbau der Heathkitgeräte waren und fertig aufgebaut weniger kosteten als die Bausätze aus USA. Damit begann die Zeit der kaufbaren Amateurfunkstationen. Man konnte einfach für diese Preise nicht einmal die Bauteile kaufen, um eine Funkstation selbst zu bauen.

Heathkit Transceiver SB101 + SB200 (1970)

Kommunikationszeitalter

Noch in den siebziger Jahren wurden die Amateurfunkstationen gern selbst gebaut. Aber es endete langsam das „Zeitalter der Bastler und Tüftler" im Kurzwellenbereich. Diese Funkamateure tüftelten dann im Bereich der hohen Frequenzen im Gigahertzbereich oder mit besonderen Betriebsarten wie zum Beispiel Amateurfunkfernsehen (ATV).

Diese Funkamateure waren bald in der Minderheit. Es kamen immer mehr neue Funkamateure hinzu, die nicht aus dem technischen Bereich stammten oder sich für die Technik interessierten sondern Spaß an der weltweiten Kommunikation hatten. Dagegen ist ja nichts einzuwenden, jedoch wurde leider auch der „Umgangston" etwas rauer. Man kaufte sich leistungsstarke Sender und große Antennen und wollte diese nun auch „sinnvoll" nutzen.

Das „Zeitalter" der Konteste und Expeditionen begann. Man kann es kaum übersehen: Viele Funkamateure wollen mit ihrer Station zeigen, dass sie die „Stärksten" sind, die als erste an eine seltene DX-Station herankommen. Es macht sich eine ziemliche „Ellbogenmentalität" breit, die manchmal auch noch von hässlichen Äußerungen begleitet wird. Angeber! Das ist kein guter Amateurfunk mehr.

Schade! Wie schön wäre es doch, wenn man als starke Station einmal einen Newcomer oder eine leistungsschwache Station „an die Hand" nähme, nach DX-Stationen rufen würde und dann die DX-Station bitten würde, doch einmal auf seinen Freund mit kleiner Leistung zu hören. Der Newcomer wird sich sicher über das neue Land sehr freuen und der „starke OM" hätte ein gutes Werk getan.

Höflichkeit

Sicher war es gut, dass man damals (also zu meiner Newcomerzeit) zunächst auf den DX-Bändern nur CW machen durfte. In Telegrafie ist der Funkbetrieb auch heute noch sehr höflich – allein schon durch die vielen Floskeln mit dem Dank für den Anruf (tnx fer call), dem Dank für die nette Verbindung (tnx fer nice qso), der Hoffnung auf ein „Wiedertreffen" (hpe cuagn) und der Zusage über den Austausch der QSL-Karten über das Büro (qsl via buro).

Etwas von dieser Höflichkeit sollte man auch in den Sprechfunk übernehmen und sich nach einem CQ-Ruf für den Anruf und auch am Schluss dem Funkpartner für das nette Gespräch bedanken und ihm sagen, dass man sich auf ein nächstes Treffen freut. Auch sollte man immer fragen, ob er eine QSL-Karte haben möchte, auch wenn man schon lange nicht mehr sammelt, weil man schon zigtausend davon hat.

Als sehr nett wird es empfunden, wenn Sie beim nächsten Treffen den OM direkt mit Namen anreden können und vielleicht sogar noch wissen und es ihm sagen, dass Sie über ein ganz bestimmtes Thema gesprochen haben. Zu diesem Zweck ist natürlich ein „elektronisches Logbuch" unerlässlich. Machen Sie sich also in Ihrem Computer-Logbuch auch Notizen über den Gesprächsinhalt.

Wenn Sie in bestimmten Runden oder auf der „Ortsfrequenz" die gleichen OM öfter treffen, ist es ein „Muss", dass Sie wenigstens den Namen kennen. Wenn Sie sich Namen schlecht merken können, heften Sie einen Zettel an gut sichtbarer Stelle im Shack an, wo Sie Rufzeichen, Namen und Standort dieser Funkfreunde und vielleicht noch ein „Stichwort" dazu eintragen.

Zur Höflichkeit gehört meiner Meinung auch ein wenig „Bescheidenheit". Sie sollten nicht mit ihrem „Super-Transceiver" oder der Riesenantenne prahlen. Natürlich kann es sich nicht jeder leisten, einen Transceiver für 4000 Euro zu kaufen oder hat keine Möglichkeit, eine große Antenne aufzubauen. Es ist zwar üblich, seine Station vorzustellen, aber normalerweise würde es reichen zu sagen, dass man „mit hundert Watt und einem Dipol" arbeitet. Wenn jemand mehr wissen möchte, kann er ja fragen.

Gesprächsthemen

Fragen ist in einem Gespräch das Wichtigste. Wenn Sie sich für seinen Transceiver oder seine Antenne interessieren, fragen Sie danach. Wenn Sie den Ort oder die Stadt kennen, wo Ihr Gesprächspartner wohnt, und Sie vielleicht schon einmal dort waren, haben Sie ein Gesprächsthema. Nicht sehr gut finde ich die Frage „Wie geht es?" und der Funkpartner dies als echte Frage versteht und daraufhin alle seine Krankheiten beschreibt. Das wollen wir doch lieber den „Klatschweibern" auf der Straße überlassen.

Wenn Sie gerade mal eine Funkverbindung in PSK31 oder in Pactor probiert haben und es nicht so richtig geklappt hat, fragen Sie Ihren Funkpartner, ob er diese Betriebsart auch schon einmal probiert hat. Wahrscheinlich meldet sich dann kurz danach noch ein „stiller Zuhörer", der entweder genau das gleiche Problem hatte oder dazu eine Lösung weiß. Schon haben Sie ein interessantes Gespräch über Technik aus dem Amateurfunk.

Als ich vor kurzem mit meinem Reisemobil in Südspanien in Urlaub war, bat mich mein englischer Campingnachbar, ihm beim Einrichten seiner Satellitenanlage zu helfen, als er sah, dass es bei mir so schnell geklappt hatte. Er hatte aber ein englisches Digitalsystem und ich schaffte es auch nicht. Ich meldete mich auf Kurzwelle, fand einen deutschen Gesprächspartner, fragte ihn nach einer Lösung und wir rätselten eine Weile herum, als sich ein anderer OM einschaltete, der sich genau damit auskannte und uns den entscheidenden Tipp geben konnte. Mein englischer Campingnachbar hat nun eine hohe Meinung vom Amateurfunk.

Ein Funkgespräch sowohl auf Kurzwelle wie auch auf den FM-Frequenzen sollte „zügig" geführt werden. Machen Sie also keine langen Durchgänge (Monologe), sondern lassen Sie nach einem oder zwei Sätzen die PTT-Taste los und geben Sie ihrem Gesprächspartner eine Chance, dazu Stellung zu nehmen. Wenn ich mir erst eine Liste mit den angeschnittenen Gesprächsthemen anfertigen muss, kann daraus kein lebendiges „Gespräch" werden.

Wenn mehrere Stationen in einer Runde sind, halten Sie sich mit dem Antworten ein wenig zurück, wenn Sie nicht direkt angesprochen waren. Andernfalls kommt es sehr leicht zu „Dopplungen". Um zu vermeiden, dass mehrere Stationen gleichzeitig antworten, „verteilen Sie nicht Mikrofone" (das hat jeder schon), sondern sagen Sie zum Schluss etwa: „Karl, was meinst du dazu?"

Gelegentlich erlebe ich es, besonders auf den Relaisfrequenzen, dass regelrechte „Gesprächshaie" auf eine Station warten und diese dann „vollquatschen" mit Dingen, die einen überhaupt nicht interessieren. Wenn man sich dann bald verabschieden möchte, wird man mit „Ich habe da noch eine Frage" immer weiter aufgehalten, bis man endlich eine Notlüge gebrauchen muss, um sich schnell „aus dem Staub" machen zu können. Diese Art der Gespräche finde ich nicht nur aufdringlich, sondern auch sehr unhöflich.

Belehrungen

Was am meisten zu Ärgernissen führt, sind irgendwelche Belehrungen von „Besserwissern“. Halten Sie sich zurück, wenn jemand etwas sagt oder macht, was im Amateurfunk nicht üblich ist.

Wenn jemand beispielsweise auf der Anruffrequenz 144,300 MHz ein längeres Gespräch anfängt, fahren Sie nicht gleich dazwischen mit „Dies ist die Anruffrequenz, Hier darf man nicht …“ Dieses „darf“ sollte man überhaupt nicht verwenden. Wenn die Funkfreunde tatsächlich länger auf der Frequenz bleiben und Sie wirklich gern dort CQ rufen wollten, bitten Sie die Stationen höflich darum, ob Sie nicht mal auf dieser Frequenz CQ rufen dürfen.

Schwierig wird es manchmal, wenn sich die Ausbreitungsbedingungen ändern und man plötzlich Stationen so dicht neben der Frequenz wahrnimmt, dass es zu Störungen kommt. Versuchen Sie nicht direkt, diese Stationen zu „verscheuchen“, sondern stellen Sie erstmal fest, ob diese wissentlich, dass hier ein QSO läuft, zu nah an die Frequenz gekommen sind. Vielleicht ist es nur durch die sich ändernden Ausbreitungsbedingungen gekommen. Im Zweifelsfall machen Sie mit Ihrem Gesprächspartner Frequenzwechsel.

Du oder Sie?

Zur Höflichkeit gehört natürlich auch die Anrede. Als junger Funkamateur sollten Sie zunächst immer das „Sie“ verwenden. Der ältere OM wird dann sicher bald auch das „Du“ anbieten, besonders dann, wenn man sich sicher noch öfter treffen wird.

Im regionalen Funkverkehr und auf den Ortsfrequenzen ist normalerweise direkt das Du üblich. In Norddeutschland ist auch auf Kurzwelle das „Du“ normal. Hören Sie erst immer eine Weile zu, bevor Sie sich als Newcomer in eine Runde hinein melden. Auch in solchen Runden auf Kurzwelle, in der sich alle kennen und dann selbstverständlich alle das „Du“ verwenden, sollten Sie lieber erstmal „Sie“ sagen, bis jemand dagegen etwas einwendet.

Diese Höflichkeit gilt selbstverständlich auch im Funkbetrieb mit einer Funkerin. Warten Sie auf das „Du“, bis die Lady es anbietet.

Hilfe

Der folgende Absatz ist eigentlich für länger lizenzierte Funkamateure gedacht, jedoch werden auch Sie bald ein erfahrener OM sein und es trifft dann auch auf Sie zu.

Wenn Sie erkennen, dass Sie mit einem offensichtlichen Anfänger sprechen, lassen Sie ihn spüren, dass er als Newcomer herzlich willkommen ist und unterstützen Sie ihn in jeder Hinsicht durch Ratschlag oder durch aktive Hilfe an seiner Station, wenn etwas nicht so funktioniert, wie es soll oder er damit Probleme hat.

Bildung

Alle Funkamateure, die ja eine schwierige technische Prüfung machen mussten, sind gebildete Leute. Zeigen Sie das! Benehmen Sie sich „wie gebildete Leute“ und kopieren Sie keine schlechten Beispiele, die es leider auch im Amateurfunk gibt.

Ich freue mich, wenn ich demnächst mit Ihnen über Funk sprechen kann und Sie mir erzählen, dass Sie diesen Lehrgang durchgearbeitet haben.

Eckart K. W. Moltrecht, DJ4UF

Gesetzliche Bestimmungen (Übersicht)

Im folgenden Kasten finden sie zusammengefasst noch einmal eine Übersicht über alle gesetzlichen Bestimmungen, Verordnungen und Regelungen, die den Amateurfunk betreffen.

RR	Radio Regulations), früher **VO Funk** (Vollzugsordnung für den Funkdienst)
TKG	Telekommunikationsgesetz
AFuG	Gesetz über den Amateurfunk
AFuV	Verordnung zum Gesetzt über den Amateurfunk
DV-AFuG	Verordnung zur Durchführung des Gesetzes über den Amateurfunk
FreqBZPV	Frequenzbereichszuweisungsplanverordnung
FreqNPAV	Frequenznutzungsplanaufstellungsverordnung
FTEG	Gesetz über Funkanlagen und Telekommunikationseinrichtungen
BEMFV	Verordnung über das Nachweisverfahren zur Begrenzung elektromagnetischer Felder
EMVG	Gesetz über die elektromagnetische Verträglichkeit von Geräten
T/R 61-01	Gewährung von Kurzzeitbetriebsrechten der CEPT
T/R 61-02	Harmonisierte Prüfungsbescheinigung (HAREC)

Aufgabe
Decken Sie mit einem Blatt Papier die Erläuterungen zu den Abkürzungen zu und versuchen Sie, die Erläuterungen zu nennen, um sie zu lernen.

Sie finden alle für den Amateurfunk relevanten Gesetze und Verordnungen unter „Gesetze" auf der Homepage des DARC unter www.amateurfunkpruefung.de.

Fachbücher + CD-Roms zur Vorbereitung auf die Amateurfunklizenz

Eckart K. W. Moltrecht
Amateurfunklehrgang für das Amateurfunkzeugnis Klasse 1 und 2
Umfang: 132 Seiten
Format: 165 x 230 mm
Abbildungen: 472
Best.-Nr.: **411 0089**
Preis: **€ 17,80**

Eckart K. W. Moltrecht
Amateurfunklehrgang für das Amateurfunkzeugnis Klasse 3
Umfang: 228 Seiten,
Format: 165 x 230 mm
Abbildungen: 206
Best.-Nr.: **411 0064**
Preis: **€ 14,80**

Michael Schambach
Betriebstechnik und Gesetzeskunde für den Amateurfunkdienst
Umfang: 96 Seiten
Format: 165 x 230 mm
Abbildungen: 32
Best.-Nr.: **411 0096**
Preis: **€ 9,80**

Harald Zisler
Amateurfunk – Portrait eines vielseitigen Hobbys
Umfang: 96 Seiten
Format: 165 x 230 mm,
Abbildungen: 31
Best.-Nr.: **411 0050**
Preis: **€ 9,00**

Eckart K. W. Moltrecht
Der Morselehrgang aus dem Klassenzimmer
Best.-Nr.: **620 1008,** Preis: **€ 12,50**

Michael Wöste
Klasse 1 + 2 – Lern- und Übungsprogramm mit Prüfungssimulation
Best.-Nr.: **620 1029,** Preis: **€ 14,50**

Freeware, Shareware, Tipps, Infos, Artikel, Bauanleitungen
Best.-Nr.: **620 1017,** Preis: **€ 12,50**

Klasse 3 – Lern- und Übungsprogramm mit Prüfungssimulation
Best.-Nr.: **620 1024,** Preis: **€ 12,50**

Prospekt
Best.-Nr.: **610 0000**
kostenlos

Der vth-Bestellservice
☎ 07221/508722
per Fax 07221/508733
E-Mail: service@vth.de
Internet: www.vth.de

Eckart K. W. Moltrecht, DJ4UF

Amateurfunk-Lehrgang

Betriebstechnik und Gesetzeskunde

für das Amateurfunkzeugnis